食品检测检验加工新技术与应用研究

王　琼　张颖颖　罗海波◎著

线装书局

图书在版编目（CIP）数据

食品检测检验加工新技术与应用研究 / 王琼，张颖颖，罗海波著. -- 北京 : 线装书局，2024.3
ISBN 978-7-5120-6012-8

I. ①食… II. ①王… ②张… ③罗… III. ①食品检验—研究 IV. ①TS207.3

中国国家版本馆 CIP 数据核字(2024)第 059500 号

食品检测检验加工新技术与应用研究
SHIPIN JIANCE JIANYAN JIAGONG XINJISHU YU YINGYONG YANJIU

作　　者：王　琼　张颖颖　罗海波
责任编辑：白　晨
出版发行：线装书局
　　　　地　址：北京市丰台区方庄日月天地大厦 B 座 17 层（100078）
　　　　电　话：010-58077126（发行部）010-58076938（总编室）
　　　　网　址：www.zgxzsj.com
经　　销：新华书店
印　　制：三河市腾飞印务有限公司
开　　本：787mm×1092mm　1/16
印　　张：11.5
字　　数：255 千字
印　　次：2025 年 1 月第 1 版第 1 次印刷

线装书局官方微信

定　　价：68.00 元

前　言

在经济与技术的发展推动下，人们的生活水平得到显著提升，同时人们食品安全意识加强。食品检测检验加工新技术发挥着重要的作用，关系着人们的生命与健康。因此，在现代化的发展中，加强食品安全快速检测技术的研究是非常重要的，需要探索和研究一种新的，快速敏捷的检测技术来解决食品安全领域的问题。

本书的章节布局，共分为九章。第一章是绪论，本章主要就食品质量安全现状、食品质量安全检测概述和食品安全检测的新技术进行详细的阐述和分析；第二章介绍了流态化速冻技术、冷冻粉碎技术、冷冻浓缩技术和冷冻干燥技术；第三章是食品干燥技术，本章主要对流态化、过热蒸汽、热泵、太阳能和微波等干燥技术进行了简要阐述；第四章介绍了微波、超声波、紫外线、欧姆、超高压、高压脉冲电场及脉冲光和臭氧等杀菌技术；第五章是固相微萃取技术在食品安全检测中的应用；第六章是新型荧光传感材料在食品安全检测中的应用，本章从荧光材料概述、新型荧光纳米传感材料——石墨烯量子点、新型荧光纳米传感材料 g-C3N4 进行阐述；第七章是表面增强拉曼光谱技术在食品安全检测中的应用；第八章介绍了氧气对食品品质的影响、氧气对食品品质影响的机理、氧气的检测方法、氧气的可视化传感和氧气的智能包装材料；第九章是大数据在食品安全快速检测中的研究与应用，本章主要就大数据简介、大数据在食品安全检测中的应用和食品安全方面的大数据举例进行详细的阐述和分析。大数据技术被称为引领未来繁荣的三大技术变革之一，它必将给食品安全快速检测领域带来重大影响。

本书在撰写过程中，参考、借鉴了大量著作与部分学者的理论研究成果，在此一一表示感谢。由于作者精力有限，加之行文仓促，书中难免存在疏漏与不足之处，望各位专家学者与广大读者批评指正，以使本书更加完善。

编委会

内容简介

食品安全问题一直是人们最关注最担心的问题，前些年我国食品安全问题随处可见，对人们的身心健康构成了巨大的威胁，近几年来，我国食品安全问题的形势得到根本性的好转。随着人们生活水平的不断提高，人们对食品的消费观念逐渐变化，消费方式也从过去的家庭烹饪转向与市场消费，食品安全隐患和风险也逐渐增加。只有从根本上解决食品安全隐患才能获得国际市场的准入，实现我国食品的对外贸易。在这种要求下，食品检测技术必须要满足快速、方便、准确和灵敏的要求。目前，我国食品快速检测方法发展十分迅速，因此，本文从食品检测检验加工新技术与应用研究分析，从而进行深入研究。

目　录

第一章　绪　论

第一节　食品质量安全现状

“民以食为天”，食品是人类赖以生存的物质基础，在商品社会，食品作为一类特殊商品进入生产和流通领域。食品行业与人们的日常生活息息相关，是消费品工业中为国家提供累积最多、吸纳城乡劳动就业人员最多、与农业依存度最大、与其他行业相关度最强的一个工业门类，它的发展备受人们的瞩目。随着食品生产和人们生活水平的提高，人们对食品的消费方式逐渐向社会化转变，由原来主要以家庭烹饪式为主向以专业企业加工为主。因此，食品安全事件影响急剧扩大，对人类危害更加严重；食品安全问题日益成为遍及全球的公共卫生问题，食品安全不仅关系消费者身体健康、影响社会稳定，而且还会制约经济发展。

“病从口入”，饮食不卫生、不安全会成为百病之源。自然界中存在的生物、物理、化学等有害物质，以及人类社会发展过程中产生的各种有毒有害物质，它们可能混入食品，导致该食物的摄入者产生一系列病理变化，甚至危及生命安全。近几年来发生的英国“疯牛病事件”、日本“大肠杆菌爆发流行事件”、日韩“致癌聚氯乙烯食品保鲜膜事件”、波及多个国家和地区的“禽流感事件”等食品安全事件都使人们记忆犹新。

在我国食品安全问题也相当突出。据卫生部门统计，80%的传染病为肠道传染病，有时也伴随着伤寒、痢疾、霍乱等疾病发生，这些大多与食品和饮用水被污染等有关。每年由于农药、兽药等使用不当而导致的食物中毒事件也屡见不鲜。例如，河南的“毒大米事件”、安徽的“阜阳奶粉事件”、以河北石家庄三鹿集团为代表的“三聚氰胺事件”等。另外，近几年随着转基因食品大量涌入市场，人们也开始对转基因食品的安全问题产生怀疑。

以上一系列突发食品安全事件涉及的国家范围、危及健康的人群以及给相关食品国际贸易带来的危机，对相关国家乃至全球经济的影响使食品安全问题受到了历史上空前的关注。当前食品安全面临的问题和挑战，主要表现在以下几个方面。

一、食品的污染

食品从农田到餐桌的过程中可能受到各种有害物质的污染。首先是农业种植、养殖业的源头污染严重，除了在农产品生产中存在的超量使用农药、兽药外，日益严重的全球污染对农业生态环境产生了大量的影响，环境中的有毒有害物质导致农产品受到不同程度的污染，进而引起了人类食物链中毒。其次是食品生产、加工、储藏、运输过程中的严重污染，即存在由于加工条件、加工工艺落后造成的卫生问题。

二、食源性污染

食源性疾患是指通过摄食而进入人体的有毒有害物质所造成的疾病，一般分为感染性和中毒性，包括常见的食物中毒，肠道传染病、人畜共患病、寄生虫病以及化学性有毒有害物质所引起的疾病。

食源性疾患的发病率居各类疾病总发病率的前列，是当前世界上最突出的卫生问题。据世界卫生组织公布的资料表明，在过去的20多年中，新出现并确认的传染病有30余种，其中很多是通过食品传播的。另外一些曾被认为得到根治或者控制的传染性疾病又有复发的趋势，食源性病原菌呈现新旧交替和旧病复发两种趋势。

三、食品新技术和新资源的应用给食品安全所带来的问题

食品工程新技术与多数化工、生物以及其他的生产技术领域相结合，对食品安全的影响也有个认识过程。随着现代生物技术的发展，新型的食品不断涌现，一方面增加了食品种类，丰富了食物资源，但同时也存在着不安全、不确定的因素，转基因食品就是其中一例。有些转基因食品，例如含有抗生素基因的玉米，除了直接危害使用者的安全外，还有可能扩散到环境中甚至人畜体内，造成环境污染和健康危害。另外，一些关于微波、辐射等技术对食品安全性的影响一直存在争议，还有食品工程新技术所使用的配剂、介质、添加剂对食品安全的影响也不容忽视。总之，食品工程新技术可能带来很多食品安全问题。

四、食品标志滥用的问题

食品标志是现代食品不可去除的重要组成部分。各种不同食品的特征及功能主要是通过标志来展示的。因此，食品标志对消费者选择食品的心理影响很大。一些不法的食品生产经营者时常利用食品标志的这一特性欺骗消费者，使消费者受骗，甚至身心受到伤害。现代食品标志的滥用比较严重，主要有以下问题。

（一）伪造食品标志

食品标志是指粘贴、印刷、标记在食品或者其包装上，用以表示食品名称、质量等级、商品量、食用或者使用方法、生产者或者销售者等相关信息的文字、符号、数字、图案以及其他说明的总称。伪造食品标志主要是指伪造或者虚假标注生产日期和保质期，伪造食品产地，伪造或者冒用其他生产者的名称、地址，

（二）夸大食品标志展示的信息

用虚夸的方法展示该食品本不具有的功能或成分。主要是利用食品标志夸大宣传产品，如没有经认证机构确认而标明其产品“纯天然”“无污染”等，还有产地标注不明确，执行标准标注不准确等。

（三）食品标志的内容不符合《食品卫生法》的规定

不符合规定的食品标志主要体现在如下方面：明示或者暗示具有预防、治疗疾病作用的；非保健食品明示或者暗示具有保健作用的；以欺骗或者误导的方式描述或者介绍食品的；附加的产品说明无法证实其依据的；文字或者图案不尊重民族习俗，带有歧视性描述的；使用国旗、国徽或者人民币等进行标注的；其他法律、法规和标准禁止标注的内容。

（四）外文食品标志

进口食品，甚至有些国产食品，利用外文标志，让国人无法辨认。随着社会的进步，消费者会越来越重视食品标志。

总之，随着社会生产力的发展和人类社会的不断进步，在一些传统的食品安全问题得到了较好控制的同时，食品安全又出现了一些新的问题，面临新的挑战。

第二节 食品质量安全检测概述

一、食品质量安全检验现状

面对食品安全中出现的新问题和新挑战，各国和各地区政府以及相关的国际

机构出台一系列的应对措施，出现很多关于食品安全管理和控制的新观点、新模式（例如HACCP和GMP等）。解决食品安全问题的最好方法是尽早发现食品安全问题，将其消灭在萌芽。随着科学技术的发展，大量新技术、新原料和新产品应用于农业和食品工业，食品污染的因素也日趋复杂化，要保障食品安全，就必须对食品的生产、加工、流通和销售等各个环节实施全程管理和监控，就需要大量快速、灵敏、准确、方便的食品安全分析检测技术、方法和仪器。

食品安全检测技术的种类很多，主要包括感官检验、物理检验（如相对密度法、折光法和旋光法等）和化学检验（定性和定量）、仪器检验法（色谱法、光谱法）及生物检测法。

（一）感官检验

感官检验就是以人的眼、耳、鼻、舌等感官器官对食品质量和安全性进行检测和评价的方法。它具有快速和无需专门的设备仪器等特点，但是存在一定的主观性，同时对挥发的有毒有害物质不易察觉。感官检测的结果通常是判断是否需要进行进一步检测的基础。例如，如果食品明显腐败变质，就没有进行进一步检测的必要。

（二）理化检测

理化检测是当前主要的食品安全检测方法之一，种类多，应用广。例如针对液体食品，相对密度法可以反映食品的浓度和纯度，因此广泛用于判断牛奶、酒和酱油是否掺水，以及植物油中是否掺杂的检测中。相对密度法具有快速、简单、无需使用其他试剂、对食品样品无污染和无损伤、所需仪器简单等优点，但是相对密度法只反映了待测食品的密度这一物理特性，所以通常必须与感官检测和其他的物理检测结果相结合才能更准确地判断食品是否安全。

（三）色谱法

色谱法利用不同物质在不同相态的选择性分配，以流动相对固定相中的混合物进行洗脱，混合物中不同的物质会以不同速度沿固定相移动，最终达到分离的效果。主要包括柱色谱、纸色谱、薄层色谱、气相色谱、高效液相色谱和超临界流体色谱等，及它们与质谱联用。

（1）柱色谱法

柱色谱法又名柱层析，固定相装于柱内，流动相为液体，样品沿竖直方向由上而下移动而达到分离的色谱法。本法主要用于分离，有时也起到浓缩富集作用。

（2）纸色谱法

纸色谱法是以纸为载体的色谱法。将试样溶液涂于滤纸一端的适当位置，然后将此端的边沿部分浸入展开剂中。展开剂顺滤纸流动。试样中各种元素因性质不同，移动速度亦不同，因而分布在滤纸的不同部位而相互分离。

（3）薄层色谱法

薄层色谱法是在柱色谱和纸色谱的基础上发展起来的分离分析技术。它利用各成分对同一吸附剂吸附能力不同，使在移动相（溶剂）流过固定相（吸附剂）的过程中，连续的产生吸附、解吸附、再吸附、再解吸附，从而达到各成分的互相分离的目的。薄层层析可根据作为固定相的支持物不同，分为薄层吸附层析（吸附剂）、薄层分配层析（纤维素）、薄层离子交换层析（离子交换剂）、薄层凝胶层析（分子筛凝胶）等。薄层色谱的设备简单、操作容易、对混合组分的分离效果较好，所以广泛应用于食品中农药残留、生物毒素和食品添加剂等的检测和分析中。薄层色谱法主要存在的不足是重现性不好，需要标准作为对照。薄层色谱扫描仪的应用提高了薄层色谱的仪器化和自动化程度，使分析结果更为客观和可靠。

（4）气相色谱法

气相色谱法是一种以气体为流动相的柱色谱分离技术。气相色谱分离的基础是一种样品在流动相和固定相之间的分配。如固定相是一种固体，称之为气固色谱（GSC）。气固色谱取决于用来分离样品的柱填充物的吸附性能。如固定相是一种液体，称之为气液色谱（GLC）。液体像一层薄膜涂在惰性固体上，分离的基础是在液膜内外的样品的分配。由于液体种类繁多，使用温度可高达400℃，使气液色谱成了气相色谱中灵活性和选择性最好的一种方式。目前气相色谱法广泛应用于普通食品、保健食品、食品添加剂、水的分析测试项目中，涉及项目主要有农药残留、溶剂残留、食品包装材料样中的聚合物单体、脂肪酸、甲醇及高级醇类、防腐剂、水中多种有机有害物质等。气相色谱法具有灵敏度高、稳定性好等优点，但是需要昂贵的仪器，样品需要经过复杂的前处理过程，操作人员需要经过严格的培训，尽管如此，气相色谱法已成为食品检验中必不可少的检验方法之一。

（5）高效液相色谱法

以液相色谱为基础，以高压下的液体为流动相的色谱过程。通常所说的柱层析、薄层层析或纸层析就是经典的液相色谱。传统的液相色谱所用的固定相粒度大，传质扩散慢，因此分离能力差，只能进行简单混合物的分离。而高效液相所用的固定相粒度小（5~10μm），从而具有传质快、效率高的特点。高效液相色谱法（HPLC法）是20世纪60年代后期发展起来的一种分析方法。从20世纪80年代才开始在食品分析上应用，国家标准《食品卫生检验方法、理化部分》GB5009~1985中，无HPLC法，而在GB/T5009~1996中，才增加了HPLC方法。近年来，在保健食品功效成分、营养强化剂、维生素类、蛋白质的分离测定等中应用广泛。

（6）超临界流体色谱法

所谓超临界流体，是指既不是气体也不是液体的一些物质，它们的物理性质介于气体和液体之间。超临界流体色谱技术是20世纪80年代发展起来的一种崭新的色谱技术，由于它具有气相和液相所没有的优点，并能分离和分析气相和液相色谱不能解决的一些对象，适合于分离分析遇热不稳定且应用高效液相色谱法不易分析的物质。另外，超临界流体色谱法还具有试验参数选择方便、检测器更加灵敏和更通用等优点，并且可以实现样品提取、净化和测定一步完成。但是，由于制作技术的原因，超临界流体色谱仪本身还有很多问题需要解决。

总之，色谱法具有分析时间短、灵敏度高、污染少、溶剂用量少等优点，特别是近年来随着色谱柱填料和检测仪器的改进，色谱的分离能力和检测限均有很大幅度的提高。另外，色谱分离技术和高分辨率的质谱联用，使检测限大大提高，正因为色谱法的这些优点，所以它是当今检测食品中有毒有害物质的主要方法之一，在检测食品中的农药和兽药残留、生物毒素以及其他环境污染物中发挥着非常重要的作用。

（四）光谱法

光谱法是基于物质与辐射能作用时，测量并对由物质内部发生量子化的能级之间的跃迁而产生的发射、吸收或散射辐射的波长和强度进行分析的方法。常用的光谱分析法包括紫外可见分光光度法、原子吸收法、荧光分析法和红外光谱法等。

（1）紫外可见分光光度法

紫外可见分光光度法是根据物质分子对波长在200~760nm这一范围内的电磁波的吸收特性所建立起来的一种定性、定量和结构分析的方法，是最常见的光谱法，和其他光谱法相比，具有操作简单、准确度高、重现性好，仪器设备相对简单和易于普及等优点，在食品安全检测中应用广泛。

（2）原子吸收分光光度法

原子吸收分光光度法是基于原子对特征光吸收的一种相对测量方法，它的基本原理是将光源辐射出的待测元素的特征光谱通过样品的蒸气时，被蒸气中待测元素的基态原子所吸收，在一定条件下，入射光被吸收而减弱的程度与样品中待测元素的含量呈正相关，由此可得到样品中待测元素的含量。它灵敏度高，对于火焰原子吸收法，其灵敏度一般为μg/mL~ng/mL。采用原子吸收分析方法，可分析70种以上元素，常见的如食品中的Pb、Cd、As、Hg、Cu、Al、Cr、Sn、Ni、Zn、Mg、Fe、Mn、Ca、K、Na、Ge、Se、B等元素的测定，可以进行常量分析，也可以进行微量甚至痕量分析，而且需要样品量很小。

（3）原子荧光光谱分析

在20世纪60年代中期提出并发展起来的新型光谱分析技术，它具有原子吸收和原子发射光谱两种技术的优势并克服了它们某些方面的缺点，具有分析灵敏度高、干扰少、线性范围宽、可多元素同时分析等特点，是一种优良的痕量分析技术。食品中砷、锑、铋、汞、硒、碲、锡、锗、铅、锌、镉等元素的含量实际测量方法还大都停留在化学分析或光度分析的阶段，存在着操作烦琐、费时费力等不足，即使是使用较为先进的原子吸收法进行测量，由于一般光度计波长范围的限制，对这些吸收波长处于紫外区的元素，无论是灵敏度、检出限、重现性等都无法满足越来越高的质量控制要求。当与合适还原剂，如硼氢化钠等发生反应时，砷、锑、铋、锡、硒、碲、铅、锗等可形成气态氢化物，汞可生成气态原子态汞，镉、锌可生成气态组分，这就是氢化物发生进样的原理基础。

（4）红外光谱法

红外光谱法是利用物质对红外光区的电磁辐射的选择性吸收进行结构分析及对各种吸收红外光的化合物的定性和定量进行分析的一法。被测物质的分子在红外线照射下，只吸收与其分子振动、转动频率相一致的红外光谱。对红外光谱进行剖析，可对物质进行定性分析。化合物分子中存在着许多原子团，各原子团被激发后，都会产生特征振动，其振动频率也必然反映在红外吸收光谱上。据此可鉴定化合物中各种原子团，也可进行定量分析。红外光谱法具有特征性强、测定快速、不破坏试样、试样用量少、操作简便、能分析各种状态的试样等特点，但这种方法分析灵敏度较低、定量分析误差较大，因此多用于食品内在品质检测。例如，对肉类中挥发性氨基态氮，食品中的蛋白质、脂肪、淀粉等组分进行无损伤检测和分析。此外，也可以对农产品中的有害成分进行分析和检测，例如菜籽油中的硫苷和芥酸。

（五）分子生物学方法

分子生物学技术的发展很快，种类很多，其中的大多数也都可以应用于食品安全检测中，常见的有分离培养法、免疫学法、分子生物技术、生物传感器技术和生物芯片等。

以上便是食品安全检测中常见的一些技术和应用情况，但在实际的食品安全检测分析中，同一种污染物常常可以采用多种分析和检测方法。例如食品污染的黄曲霉毒素就至少可以使用薄层色谱法、高效液相色谱法、免疫学方法、生物传感器法，甚至可以利用生物芯片进行检测和分析。这些方法各有优缺点，需要根据检测条件、分析操作人员的素质以及对结果的要求等因素选择分析方法。

二、食品质量安全检验的目标和作用

衡量食品是否安全、不安全的食品存在哪些危害、什么情况下会对人体产生危害，采取什么手段控制等问题必须依赖检测技术和科技手段，因此食品质量安全与检测技术是密不可分的，食品质量安全控制重要手段就是体现在检测技术上。

食品质量安全检验的目标就是针对食品生产、加工、流通和销售过程各个环节实施管理检测控制，快速、准确地检测分析出每个过程中可能出现的危害，进而实现保证食品安全、维护公共卫生安全。

三、食品质量安全检验的主要内容

目前食品安全问题主要集中在以下几个方面：生物性危害、化学性危害和食品掺假等。污染源主要包括农产品种植、畜产品养殖过程中使用农药、兽药残留；农作物采收、运输不当发生霉变或者微生物污染；食品腐败变质；另外还存在一些非法经营者为图私利，在食品中添加劣质有毒有害物质。所以，食品质量安全检验主要就是针对这些污染进行检测分析。

（一）生物性危害

生物性危害主要是指生物（尤其是微生物）自身及其代谢产物对食品形成污染，对人体造成危害。

（1）细菌性危害

细菌性危害是指细菌及其毒素产生的危害，细菌性危害涉及面广，影响最大，问题最多。控制食品的细菌性危害是目前食品安全问题的主要内容。

（2）真菌性危害

真菌性危害主要包括霉菌及其毒素对食品造成的危害。致病性霉菌产生的毒素通常致病性更强，并伴有致畸性、致癌性，是引起食物中毒的一种严重生物危害。

（3）病素危害

病毒具有专一性、寄生性，虽然不能在食品中繁殖，但是食品为病毒提供了很好的生存条件，而且可在食品中残存很长时间。

（二）化学性危害

食品中的化学性危害主要包括食品原料中食品添加剂的使用、农药的残留、重金属超标以及加工过程中产生的有毒有害物质。

（1）食品添加剂

食品添加剂是为了改善食品的色、香、味、保藏性能，以及为了加工工艺的需要加入食品中的化学合成或天然物质。在标准规定下使用食品添加剂，安全性是可以保证的，但是实际生产中却存在着滥用食品添加剂的现象，由此造成对人体的慢性毒害，包括致畸、致突变、致癌等危害。

(2) 农药残留

食品中农药残留危害是由于对农作物施用农药、环境污染食物链和生物富集作用，以及储运过程中食品原料与农药混放等造成的直接或间接的农药污染。

(3) 重金属超标

重金属主要通过空气和水等环境污染、含金属化学物质的使用、食品加工设备和容器等途径对食品的污染，造成重金属超标而影响人类健康。

(三) 食品中掺假

食品掺假是指向食品中非法掺入外观、物理性状或者形态相似的非同类物质或品质较次的同类物质行为，掺入的非食品物质基本在外观上很难辨别。例如，小麦中掺入滑石粉，味精中掺入食盐等。

第三节 食品安全检测的新技术

一方面，随着世界经济的全球化，食品跨国界和跨地区的流通越来越频繁，各种食品安全事故和隐患也呈迅速扩展和蔓延之势，对人类健康和安全构成了潜在威胁。另一方面，随着社会生产力发展和生活水平的提高，人们对食品安全的要求也越来越高，这些也促使各种食品安全保障体系的推广，同时，现代科学技术的飞速发展，必然带来分析仪器的更新和分析技术的进步。近年来，分析仪器的发展包括两方面：一是硬件，即仪器本身的质量和技术；二是软件，即计算机技术在分析仪器中的应用。食品安全检测新技术的发展趋势主要表现在以下几方面。

一、食品检测技术更加注重实用性和精确性

随着检测技术的发展，目前一些检测分析技术更加注重其实用性，检测仪器向小型化、便携化方向发展，实现了实时、现场、动态、快速检测。这些小型化仪器适用于我国基层单位及食品加工企业的食品安全现场检测。另外，一些食品污染物在极低浓度下对人体的危害也日渐显露，从而使食品中有毒有害物质的最大允许量不断降低，很多有害物质在食品中的最大允许量都在微克级别甚至纳克级别，这无疑使分析方法灵敏度、精确性得以提高。

精确度提高的最终目标是实现单原子的检测，发展较快的有激光诱导荧光或

者共振电离检测技术，单原子检测是近几年提高仪器分析方法灵敏度、精确度研究的主要内容，其中提高信噪比也是提高其的关键因素。

二、食品检测技术中大量应用生物技术领域的研究成果

分子生物学技术诞生于20世纪中期，随后得到了迅速的发展和广泛的应用。分子生物学技术的种类很多，概括起来主要有核酸探针检测技术（核酸分子杂交技术）、PCR技术和DNA重组技术等几大类。其中前两类技术近年来在食品安全检测和分析中得到了较好的应用，是当今发展较快的食品安全检测技术之一。

（一）核酸探针检测技术

核酸探针检测技术是目前分子生物学中应用最广的技术之一，是定量检测特异性RNA或者DNA序列的有效工具。核酸探针可用于检测任何特定的病原微生物，并能鉴定密切相关的菌株，因此广泛应用于进出口动物性食品的检验。

（二）聚合酶链式反应（PCR）

聚合酶链式反应（PCR）是一种基因在体外扩增的方法，可在试管中建立反应，数小时后机器能将微量的目的基因或某一特性的DNA片段扩增至千百倍。它主要用在检测食品中的沙门氏菌、大肠杆菌、肉毒梭状芽孢杆菌、金黄色葡萄球菌、李斯特菌等常见菌。在检测食品中的转基因成分也有广泛应用。PCR技术在食品检测的实际应用中表现出灵敏度高、速度快、特异性强、简便、高效等特点。为食品检测技术的发展提供了有力的技术支持。但是，PCR技术在实际应用中也表现出一些缺陷，例如容易出现假阳性、假阴性、产物容易突变、不能检测致毒微生物产生的毒素等。随着生物技术的飞速发展和各项新技术与PCR技术的有机结合，以及今后专门针对如何控制外源DNA的污染、如何控制突变和如何利用PCR技术鉴别致毒微生物产生的毒素等方面的深入研究，为PCR技术在食品检测领域更加广泛的应用提供了新的思路。

（三）基因芯片（DNA芯片、DNA微阵列）技术

基因芯片技术是近十几年来在生命科学领域迅速发展起来的一项高新技术，是一项基于基因表达和基因功能研究的革命性技术，它综合了分子生物学、半导体微电子、激光、化学染料等领域的最新科学技术，在生命科学和信息科学之间架起了一道桥梁，是当今世界上高度交叉、高度综合的前沿学科和研究热点。该技术具有传统的检测方法不可比拟的优点：高通量、多参数同步分析，全自动、快速分析，高准确度、灵敏度分析，正在成为食品和食品原料检测中一种较新的方法，可对转基因食品、食品原材料以及食品中微生物和成分进行检测。基因芯片技术在食品中的应用成为新的研究领域，但该技术本身并不完美，随着科学研

究的深入和科研工作者的不懈努力，其不足终会得到解决，并会逐渐代替现在的膜杂交技术和PCR技术；由于费用高，其产业化还需要时间和资金的投入，国家对高科技技术、新兴产业越来越重视，对芯片技术的投资正在加大，DNA芯片技术会更成熟，生产和应用的成本逐渐降低，在食品的生产、流通、检测等方面的应用会越来越普遍。

三、食品检测技术与计算机技术结合得越来越紧密

采用集成度高的计算机自动化技术，开发特殊职能软件技术提高仪器性能，使仪器趋于小型化，价格成本低廉化。例如，便携式气相色谱仪、芯片实验室装置、微型质谱仪等产品的涌现。计算机视觉，也称机器视觉，它是利用一个代替人眼的图像传感器获取物体的图像，将图像转换成数字图像，并利用计算机模拟人的判别准则去理解和识别图像，达到分析图像和做出结论的目的。目前，计算机视觉技术在农产品和食品检测的应用研究日益增多，它可以检测农产品和食品的大小、形状、颜色、表面裂纹、表面缺陷及损伤。它的优点是速度快，信息量大，可一次完成多个品质指标的检测。

四、食品检测中不断应用其他领域新技术

分子生物学是从分子水平研究生命本质的一门新兴边缘学科，它以核酸和蛋白质等生物大分子的结构、组成和功能，以及它们在遗传信息和细胞信息中的作用作为研究对象，是当前生命科学中发展最快并且正在与食品学科交叉和渗透的前沿领域。近些年来，核酸分子生物技术，特别是核酸分子杂交和PCR技术在食品安全检测方面也得到了很好的应用。

生物传感器是应用生物活性材料与物理或化学换能器有机结合的一门交叉学科，是发展生物技术必不可少的一种先进的检测方法，也是物质在分子水平的快速、微量分析方法。随着生物传感器技术突飞猛进的发展，该技术已应用于食品安全检测领域，其不仅可以分析食品中的农药兽药残留、病原菌及其毒素和一些动物毒素，还可以应用到营养素的分析中。

五、大力发展实时在线、非侵入、无损伤的食品检测技术

无损伤检测是近年来发展起来的检测技术，其在食品检测方面的应用日益增多。通过研究食品的光学特性、电磁特性、声学特征等，提出了近红外光谱技术、拉曼光谱技术、核磁共振技术、超声波技术、电子鼻技术等无损伤检测技术。无损伤检测技术可以避免破坏性测量造成的样品损失，具有对待测物进行跟踪、重复检测的优点。同时，无损伤检测技术的检测速度快，适于大规模产业化生产的

在线检测和分级，易于实现自动化。

（一）近红外光谱检测技术

近红外光谱（NIR）的波长为780~2526nm，该光区的吸收谱带主要是由低能电子跃迁、含氢原子基团（O—H、N—H、C—H等）伸缩振动的倍频吸收谱带及伸缩、摇摆振动的合频吸收光谱构成。因不同的化学成分对应着不同的基团频率，从而产生特征吸收峰的位置也不相同，而对于相同的化学成分，其含量不同所反映出来的特征吸收峰的强度也不相同，所以NIRS技术可用于物质的定量和定性分析。NIRS技术操作方便，同时可达成不破坏样品直接测定的目的，该技术可用于食品的无损伤检测以及食品生产在线分析。另外，NIRS技术测试速度快，可实现多组分同时检测。目前，近红外光谱技术在食品质量安全领域的应用日益受到关注，其主要应用于食品掺假、原产地鉴别和成分分析等方面。

（二）拉曼光谱技术

拉曼光谱（Raman spectroscopy）技术是一门基于拉曼散射效应而发展起来的光谱分析技术，可提供分子的振动或转动信息。其对对称结构分子检测很有效，与红外光谱在分析分子结构中互相补充，一些基团红外吸收很弱，但拉曼散射却很强，如C—C，C=C，N=N和S—S等基团。另外，其光谱对水等极性物质极其不敏感，因此在食品研究中具有良好的应用前景。目前，拉曼光谱技术在食品安全检测中的应用主要集中在农药和兽药残留的检测。

（三）核磁共振检测技术

核磁共振波谱法（NMR）是研究具有磁性质的原子核对射频磁场的吸收，是测定各种有机和无机成分的有力工具。NMR这种无损检测技术，可以在同一样品上进行不同的分析；由于可以检测同一样品的不同的原子核，因此可以从不同的角度对样品进行观察；另外它还具有结构敏感性，可以观察化学结构特征，对动力学信息也比较敏感，可以观察分子或者分子某部分的迁移。目前有利用该技术研发的低场核磁共振仪快速检测牛奶掺假，为乳品企业和相关监管部门检测、评价和控制乳制品品质提供了新思路和有效手段。

第二章　食品冷冻及加工技术

第一节　流态化速冻技术

流态化速冻是指在一定流速的冷空气作用下，使食品在流态化操作条件下实现快速冻结的一种冻结方法。流态化现象早已被人们所认识，最初流态化现象主要用于化学工程领域，后来陆续在能源、冶金和食品工程等领域得到广泛应用。

一、流态化速冻原理

流态化速冻是一种实现食品单体快速冻结（Individually quick freezing，IQF）的理想方法，是采用冷空气作为冷冻介质的冷冻方式。因此，食品采用流态化速冻必须有两个前提：一是作为冷冻介质的冷空气在流经冻结对象时必须有足够的流速，并且冷空气流向是自下而上地通过冷冻对象；二是冷冻对象的体积与质量不能过大，以免出现冷空气不足以吹动冷冻对象的现象。

食品流态化冻结过程中，颗粒状、片状以及块状等食品与冷空气气流间的流动过程属于气、固两相流体的流动过程，根据流体的流动特点，冷空气流经固体颗粒床层时有三种状态：固定床阶段、流化床阶段和气流输送阶段。如图2-1所示分别为固定床、起始流化态、鼓泡流化床、节涌、湍流流化态和气力输送流化态。

（一）固定床阶段

固定床阶段是指当气流以较低的相对速度通过物料层时，固体颗粒的相对位置没有发生变化的阶段（图2-2的AD段）。固定床阶段的特点是气体通过床层所发生的压力降低与空塔气体流速在对数坐标值上呈直线关系（图2-2的AB段）。

在固定床阶段，由于流体空床流速小，固体颗粒受曳力小，颗粒保持静止状态，使床层高度、空隙率均保持不变。

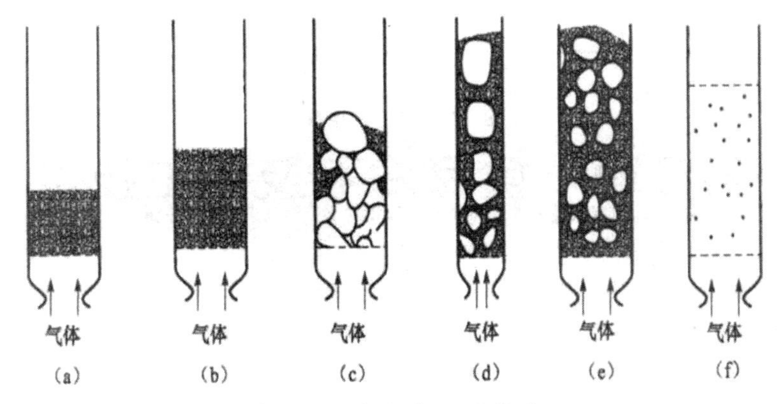

图 2-1 流化床不同状态

（二）流化床阶段

随着冷冻介质流速的逐渐增大，气—固相由相对静止状态改为相对运动，当相对速度达到一定数值时流化床层不再维持稳定状态，固体颗粒的受曳力逐渐增大，固体颗粒的相对位置会发生明显变化，固体颗粒会在流化床层中时上时下地做不规则的沸腾状运动，并且具有与流体相同的流动性特点，该阶段称为流化床阶段。流化床阶段具有以下特点：当颗粒特性、流化床床层几何尺寸与气流速度一定时，流态化系统具有确定的性质，如密度、热传导系数及流体黏度等；这种流态化状态具有一定稳定性，即可以在一定的气体流速范围内维持稳定状态；此外，冷空气对流化床床层的高度和空隙率有影响，流化床床层的高度和空隙率会随着气流速度的提高而提高，而床层上下两侧的压力降基本维持不变（图2-2中DE段）。

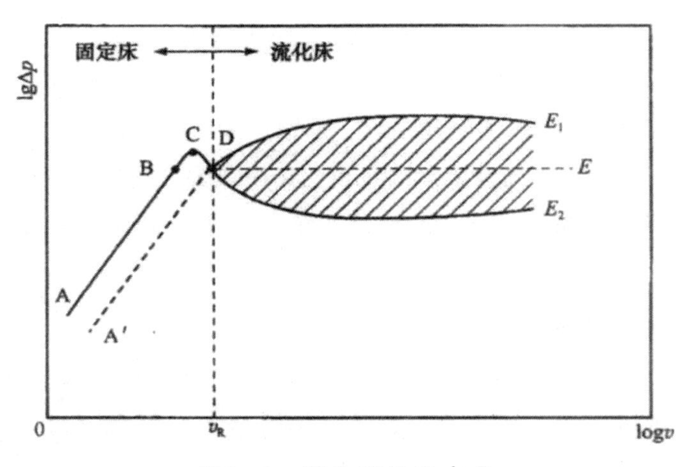

图 2-2 固体颗粒流态化

在流化床阶段，与图2-2中D点对应的气流速度称为临界流化速度（V_k），即当气流速度增加到某一数值时，固定床层不再保持原有的静止状态，部分固体颗粒开始悬浮向上运动，造成流化床层膨胀，空隙率增大，即固体颗粒开始呈现流化状态，此时气体对颗粒的曳力刚好等于颗粒的重力减去气体对它的浮力，颗粒就好像没有重量一样，可以横向移动，这时气流的速度便称为临界流化速度。对于流化冷冻技术而言，冷空气达到临界流化速度是食品形成流态化的必要条件。而气体流速超过临界速度后就会呈现剧烈的不稳定性，此时的流化床没有稳定界面，气体压力也开始波动，但如图2-2所示，波动通常固定在图中的DE_1和DE_2之间的范围内，DE代表了这一范围的平均值。而当空床流速一定时则会出现一个稳定的床层上界面。

临界流化速度的计算目前主要可以通过分析流化床中单体颗粒受力得来或由固定床中计算床层压降与流体速度的厄贡方程推导得到，其中以厄贡方程推导更符合实际。当气体速度小于临界流化速度时，床内固体粒子处于固定状态，对于固定床中床层压降与气体速度的关系，可以用厄贡方程准确表示。

（三）气流输送阶段

在流化床阶段的基础上，再进一步提高气流速度后，床层的固体颗粒层原有的流化状态被打破，固体颗粒悬浮在气流中，随着气流运动，这个阶段称为气流输送阶段。此时与E点相对应的气体流速称为最大流化速度，或称为固体颗粒的带出速度或悬浮速度。很显然，如果将流体的流量（流速）逐渐减小，则将由流化床转化为固定床。

二、流态化速冻工艺

流态化速冻中进入食品层的冷空气都是自下而上的，根据食品层的悬浮状态，可将食品流化速冻的操作分为半流态化和全流态化两类操作。

（一）半流态化操作

半流态化操作是指在传送带上的食品层被低于临界值的冷空气吹成距离筛网高度较低的悬浮状态，颗粒食品随着传送带的移动而移动。这种方法的冷空气速度相对较小，物料离地高度低，对物料的损伤小，适用于质地软嫩和易碎的物料，如草莓、黄瓜、芦笋等。食品层的厚度由物料特性决定，嫩度越大的物料、越容易损伤的物料厚度应越小，一般控制在30~100mm。物料传送带的移动可匀速也可采用无级变速，即传送带移动速度根据冻结产品的冻结情况随时调整。半流态化操作适用范围相对狭窄，主要用于质地相对较软、容易损伤的物料；此外，这种冻结方式由于冷空气风速较低，物料悬浮高度低，造成物料很容易出现相互叠加而产生粘连现象，影响流态化正常操作，进而降低冻结质量。

（二）全流态化操作

（1）气力流态化

气力流态化是指食品颗粒放在带孔的固定斜槽上，依靠上升的冷风克服自身的重力实现沸腾状态并向前流动，这种操作就是气力流态化。这种操作的特点是没有机械传送装置，食品颗粒的沸腾与向前运动完全依靠冷空气提供的动力。气力流态化操作对气流速度、压力降要求较为严格，被冻结食品颗粒和作用于食品各点的气流速度、压力降要十分均匀，同时固定斜槽的阻力必须足够低，以保证气流速度不低于临界值。这种流态化冻结方法适用范围较为狭窄，仅能用于个体大小均匀，且个体较小的食品，如玉米粒、胡萝卜粒、豌豆粒等。如食品颗粒体积较大，则要求流态化操作设备的制冷剂功率、吹风机功率较大。气力流态化操作对于食品颗粒在设备表层的厚度也有要求，如厚度过大，则风机风量减少，蒸发器迎风面风速降低，传热系数K降低，造成制冷机功耗增加。

（2）振动流态化

振动流态化同气力流态化最大的不同在于安装了机械振动装置，目前应用于食品工业的振动方法主要有两种：一种是往复式振动，应用最多的是连杆式振动机械；另一种是直线振动，采用双轴惯性振动机械。振动流态化采用机械振动原理，使食品在带孔的槽体上按照一定振幅和频率以跳跃式抛物线型向前运动，同时冷空气由下而上吹动，食品颗粒呈现沸腾的流态化，最终实现单体快速冻结的方法。

往复式振动和直线振动特点不同，往复式振动的特点是振幅大、频率低，食品在生产设备中以高抛物线形式向前运动。由于抛物线较高，食品颗粒上下幅度过大，容易造成产品损伤。为了解决这一问题，一般采用脉动旁通机构使气流脉动传送，这可以使食品颗粒刚刚被抛起时，脉动结构同时关闭，使静压箱内压力升高，冷空气流速增大，气流全部通过食品床层，带动食品颗粒上升。这样处理的结果是整个流态化冻结床层的食品颗粒在机械振动和气流带动的双重影响下达到了最佳的流态化高度。当食品颗粒达到最佳高度后，脉动结构打开，部分气流流走，食品颗粒的重力大于冷空气的浮力时，由于脉动机构打开，静压箱内压力突然降低，气流速度相应减小，食品颗粒在自身重力作用下下落，落至底部后又开始一次重新地上升。通过这样的往复上升一下降完成了有节奏的振动，食品颗粒像流体一样流动。

直线振动优点较多，可以实现食品颗粒的均匀冻结，不损伤食品，可以自由调节食品层厚度，而且具有传热效率高、冻结能力大和能耗低等优点。直线振动流态化冻结技术可以使食品在槽体上呈跳跃式抛物线型向前运动，在槽体内的滞留时间与冷空气的挤出时间均匀一致，这种方式的冻结对食品颗粒的大小和密度要求不高，由于食品被抛起的高度很小，且抛起后在槽面的停留时间很短，所以可实现食品的均匀冻结。直线振动时食品的受力仅有槽面上下的振动力，在冷空气由下而上的缓冲下，食品颗粒受力小，尽管食品颗粒振动频率大，但造成的损伤很小。此外，这种冻结方式可以根据食品的厚度调节振动输送机的振幅和频率进行调整，同时可以通过冷空气速度、送风量等参数的调整实现自由调节食品层厚度的目标。直线振动热交换程度高，只需要较小的风压和风量就可以使食品实现正常流态化，因此风机功率可以相应减小，达到节能的目的。

（三）流态化冻结的三个阶段

任何形状的食品颗粒（包括球状、圆柱状、块状、片状等）在任何一种流态化冻结装置中的冻结过程都包括三个阶段，即快速冷却、表层冻结和深层冻结。如豌豆类食品的冻结时间为10min，则其中快速冷却的时间为1min，表层冻结时间为1.5~2min，深层冻结时间大概为7min。冻结是冷量逐步向食品内部传送的过程，也是热量从食品内部向外扩散的过程。快速冷却对于食品流态化速冻意义重大，表层温度越低意味着冷量向食品内部传送的速度越快，食品内部热量向外传送的速度也越快，冻结时间越短。表层冻结目的在于防止食品颗粒之间的相互黏结，也防止食品颗粒与流态速冻设备的运输筛网之间的黏结。表层冻结后，食品表面形成了一层冻壳，具有一定刚性，能够确保食品之间形成独立的松散体系。表层冻结速度越快越有利于提高冻结质量。深层冻结是指表层冻结后将食品中心温度降低到-18℃的冻结过程，这一过程是三个过程中耗时最长的，由于冷量和热量的传递的反方向性，使这一过程的冻结时间一般要达到快速冷却和表层冻结时间之和的3倍。

三、流态化速冻设备

流态化速冻设备是食品单体快速冻结的理想设备，具有冻结速度快、冻结产品质量好、能耗低等优点，特别适用于体积较小的颗粒状、片状和块状食品的冻结，在果蔬冷冻加工中得到广泛应用。

常见的流态化冻结装置按照物料传送系统可分为带式、振动槽式和斜槽式三类，但从系统组成上流态化速冻设备都主要由物料传送系统、冷冻系统、冲霜机构、围护结构、进料系统和控制系统组成。其中物料传送系统主要是流态化速冻装置的冻结区；冷冻系统由送风机、蒸发器、制冷剂和导风结构构成，安装在物料传送系统上；流态化冻结过程中可能产生较多的积霜，因此在蒸发器周围安装有冲霜结构；围护结构由绝热材料和支撑材料构成，安装在速冻装置的外面；进料结构通常是带孔的斗式提升机。此外，在速冻装置的进料口还常常安装有滤水器和布料器，以除去清洗后的物料中含有的过多水分，同时使物料在速冻床上尽量保持厚度的均匀一致，以减少黏结现象和获得良好的流态化状态。前处理后的物料通过进料机送入流态化速冻装置后，在布料机作用下以一定的速度进入传送带，在冷空气的吹动下形成良好的流态化状态，在输送带的传动下从进口往出口方向移动。移动过程中通过上下翻滚完成速冷却、表面冻结和深层冻结。

（一）带式流化速冻装置

带式流态化冻结装置早期的设备往往只有一条传送带和一个冻结区。尽管这样的设备投资小、结构简单、生产效率高，但装机功率大、能耗高，且冻结效果不很理想。后期的设备采用多段式冷冻，将传送带设计为双流程或者三流程（图2-3)，物料的流动距离延长，冻结效果显著提高。带式流态化冻结装置适用范围广泛，也是目前应用最多的一类，可用于多种水果蔬菜的冻结，如青刀豆、豌豆、蚕豆、辣椒、芦笋、芋头、胡萝卜、葡萄、桃子、板栗等。我国目前大多数流态化速冻机械均属于这一类。

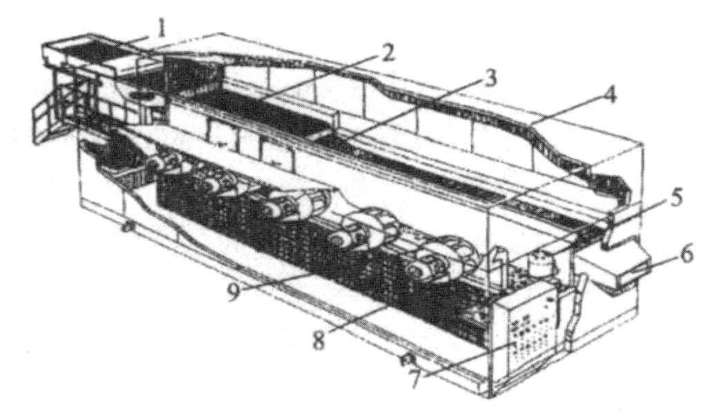

图2-3　带式流化床冻结装置

1—进料装置；2—传送带；3—网筛；4—壳体；5—制冷机；

6—出料口；7—控制面板；8—蒸发器；9—风机

（二）振动流态化速度装置

这种冻结装置以振动槽为动力源，促使物料向前移动。物料冻结过程也是在振动槽中完成的，由于物料始终处于振动状态，大大减少了物料之间的黏结。具体的振动方式主要有往复式振动和直线振动两种。

瑞典Frigoscandia公司生产的往复式振动流态化冻结装置。这种设备结构紧凑、冻结能力强、能耗低，设备上安装有气流脉动旁通机构和除霜系统，性能较为先进。

（三）斜槽式流态化速冻装置

斜槽式流态化速冻装置中的物料进行的是全流态化速冻。食品颗粒的流态化状态完全依赖自下而上的冷空气来实现，食品颗粒的移动是靠带有一定倾斜角度的槽体完成，同时物料层的厚度通过出料口的导流板来调整。这种冻结设备的特点是无物料传送系统和运动机构，结构紧凑、易于操作，但由于取消了物料输送系统和振动装置，该设备完全依靠高压冷空气完成流态化，因而设备中风机功率高，能耗大，仅适用于冻结含水量较低的球形食品，应用范围较窄。

四、流态化速冻技术的应用

流态化速冻理论上可以冻结任何食品，但目前这种冻结方式主要还是应用于果蔬类产品，尤其是蔬菜类产品。常采用流态化冻结的蔬菜类主要包括果菜类（豌豆、青刀豆、茄子、蚕豆、番茄、黄瓜、辣椒等）、叶菜类（菠菜、芹菜、韭菜、蒜薹、小白菜、香菜、油麦菜等）、茎菜类（芦笋、莴笋、芋头、马铃薯等）、根菜类（山药、胡萝卜等）、花菜类（黄花菜、菜花、西兰花等）和食用菌类（香菇、平菇、金针菇等）。可采用流态化冻结的水果主要有葡萄、李子、樱桃、板栗等。

水果和蔬菜在流态化速冻的程序和工艺上大致相同，除前处理部分根据不同的果蔬特性有不同的处理之外，后续的冷冻工艺基本相同。下面以豌豆为例简要说明流态化冻结果蔬的工艺和应用。

（一）预处理

新鲜豌豆要剥荚，人工剥荚每人每小时可加工24kg；较大量生产时应采用机械剥荚，每小时可剥2000kg。去荚后的豆粒应分7~8mm、9~10mm、11mm以上的各种规格，根据销售要求分别加工。机械剥荚应尽量避免机械损伤。

（二）漂烫和冷却

豆粒装入筐内在100℃的热水中漂烫1~1.5min，漂烫时间的长短应视豌豆粒的大小和成熟程度而定。将漂烫后的原料冷却至10℃以下，然后沥去其表面的水分。

（三）速冻和冷藏

经过上述加工处理后的豌豆，由斗式提升机、振动布料机和传送带送入单体冻结装置中冻结。物料在流化床上进行单体悬浮冻结，冻结温度在-30℃时，则冻结时间为根据各种规格进行包装，塑料袋或盒装封口应严密。在-18℃的低温冷藏库中冷藏，堆垛时要防止挤压。

第二节　冷冻粉碎技术

食品冷冻粉碎是在食品常规粉碎技术基础上发展起来的一项技术，至今已有几十年的发展历史。最初人们在加工果蔬类产品时，常常因精细加工而产生大量下脚料。这部分下脚料食用价值小，但丢弃的话也是一种经济损失，因此有人将这些下脚料通过冷冻后再粉碎成浆状或粉状食品，在保持原料营养价值不变和符合卫生标准条件下再进一步加工，显著提高了下脚料的经济效益，于是食品冷冻粉碎技术应运而生，并得到广泛应用。

一、冷冻粉碎原理

冷冻粉碎是利用物料在低温状态下的“低温脆性”，即物料随着温度的降低，其硬度和脆性增加，而塑性和韧性降低。在一定温度下，施加一个很小的力就能将其粉碎。经过冷冻粉碎的物料，粒度可以达到“超细微”的程度，可以用来生产“超细微食品”，而这种食品被称为“21世纪食品”。物料的“低温脆性”与一种称为玻璃化转变的现象关系密切。而玻璃化转变是指非晶态聚合物在温度变化时产生的力学性质的变化，形成了橡胶态和玻璃态两种物理状态，温度变化过程可以产生由橡胶态向玻璃态的转变。物料处于橡胶态时，具有韧性大、变形能力强的特点；而在玻璃态时，物料的硬度和脆性很大，变形能力很小。玻璃化转变现象并非聚合物所特有，食品和农产品同样存在玻璃化转变过程，只不过由于食品和农产品的组成结构极为复杂，可以被认为是一个含有很多溶质的混合溶液，所以食品的玻璃化转变要复杂得多，还可能存在多级玻璃化转变过程和反玻璃化转变现象。将物料由橡胶态向玻璃态转变时所要求的温度称为玻璃化转变温度，一般可以认为物料的玻璃化转变温度对应着物料的“脆化温度”。食品的冷冻粉碎正是应用这一现象：首先将物料低温冷冻到玻璃化转变温度或脆化温度以下，使其处于硬度最大、脆度最高的时候施加外力（通常采用粉碎机）将其粉碎。食品快速降温过程中，会造成内部各部位不均匀的收缩而产生较大的内应力，在内应力的作用下，物料内部薄弱部位会产生细微的裂纹并导致内部组织的结合力降低，这样外界施加的力更容易将物料粉碎。从冷冻粉碎的原理可以看出，这一粉碎方式特别适用于含有过多油脂、糖分和水分的物料粉碎。

食品冷冻后性质发生以下变化。

（一）产生内压

水由液态变为固态后体积会增大，一般而言体积会增大8.7%。尽管温度降低后冰的体积仍然会收缩，但收缩量同膨胀量相比几乎可忽略不计。食品物料冻结时，首先是表层的水分放出热量，由液态变为固态，表层水分结冰后会在食品的外层形成一个坚硬的固体外壳。当内部的水分结冰时体积增大，这样就会给表层施加一个较大的压力（即内压）。内压的大小同冻结速度有关，在慢速冻结中，外部和内部水分的热向外缓慢传递，在外表还没有形成坚硬外壳之前传递完毕；而在快速冻结中，内部的热量还未来得及向外传递，内压就已经产生。因此，冻结速度越快，内压越大。当外层硬壳不足以承受内压时，食品表面就会发生龟裂，这一现象在快速冻结时，尤其是对个体较大的食品进行快速冻结时经常出现，如金枪鱼进行快速冻结时鱼体脊背容易出现裂纹。此外，食品这个复杂的溶液体系中还会溶解有一定的气体，这些气体在冻结时也会发生体积膨胀，同样会对食品组织造成损伤。

（二）液体的流失

食品冻结时由于水由液态变为固态，原来与水结合在一起的组分失去水的保护，部分亲水性物质发生低温变性；当温度升高后，这部分物质和水的结合能力不能完全恢复，这意味着解冻后，一部分原来和亲水性物质结合在一起的水分将以液态形式流失。由于冷冻粉碎的物料一般含水量较高，在进行冷冻粉碎时，组织受到严重破坏。破碎后的粉末状物料的温度上升后，流失的水分会将粉末状物料转变为浆态物料。这时需要保持粉碎后的低温或者将物料再进行冷冻干燥，去除过多的水分。

（三）收缩与水分蒸发

食品冻结后，部分水分仍然呈现液态，即未被冻结，这使未被冻结部分是一个浓度很高的浓溶液，而溶液的冰点随浓度升高而降低。因此冰的升华使表面水分蒸发，这对于冻结粉碎后的干燥是有利的。

二、冷冻粉碎工艺

食品的冷冻粉碎工艺相对较为简单，包括农畜产品在内的多种物料的冷冻工艺都有相似之处。大多数食品的冷冻粉碎工艺流程如下：原料→前处理→低温冷冻→低温粉碎→真空冷冻干燥→产品后处理。

当然，不同的食品物料在具体进行冷冻粉碎时工艺上可能会有不同。如中草药的冷冻粉碎工艺流程如下：中药材（切断处理）→液氮冷冻→输送机→冷冻粉碎→旋风分离。

大蒜粉的冷冻粉碎工艺流程如下：鲜大蒜→去蒂、分瓣→浸泡→剥皮、去膜衣→漂洗→滤干→低温粉碎→冷冻干燥→过筛→真空包装。

三、冷冻粉碎装置

冷冻粉碎装置主要组成设备有：制冷剂供给装置（最常用的是液氮）、原料冷冻箱、供给箱、低温粉碎机、产品收集器和显热回收装置。

（一）制冷机供给装置

液氮是冷冻粉碎中最常用的制冷剂，制冷剂储存在液氮箱中。冷冻粉碎过程中，液氮的作用有两个，其一是用于冷冻箱中待粉碎物料的充分冻结，另一个用途是用于维持粉碎过程中粉碎机的低温。液氮供给物料冷冻和维持粉碎机低温后变成低温氮气，低温氮气经过旋风分离器与物料粉末分离后经过气体压缩机压缩，压缩后的气体分成三部分：一部分进入粉碎机循环使用，一部分进入冷冻箱用于物料的预冷，最后一部分排入大气。

（二）粉碎机

粉碎机按照作用原理不同，种类、型号繁多。按照粉碎粒度可以分为粗粉碎、中粉碎、微粉碎或细粉碎和超微粉碎，按照操作方法可分为干法粉碎和湿法粉碎，按照粉碎力不同可分为挤压式粉碎、冲击式粉碎和剪切式粉碎。具体的设备种类包括颚式粉碎机、回转压碎机、滚筒压碎机、锤式粉碎机、气流粉碎机等。用于冷冻粉碎的设备主要有锤式粉碎机、滚筒压碎机和盘式粉碎机。本节主要简单介绍锤式粉碎机，参见图2-4。锤式粉碎机可用于中等硬度和脆性物料的粉碎，主要依靠冲击作用破碎物料。物料进入锤式粉碎机后遭受高速回转的锤头的冲击而粉碎。粉碎后的物料从锤头处获得动能，高速冲向架体内挡板和筛条，并同其他物料相互撞击，产生重复破碎的效果。锤式破碎机既有打击力，也有剪切力，破碎性能好，适用范围广。由于冷冻破碎后的物料含有一定水分，如不及时去除，则物料极易在升温后发生浆化现象，严重降低产品品质。因此，在冷冻破碎后可接有冷冻干燥装置去除水分，保持粉状物料特性。

四、冷冻粉碎技术的应用

（一）冷冻粉碎技术在水产品中的应用

水产品蛋白和脂肪含量都很丰富，采用冷冻粉碎技术处理某些水产品可以用来生产高附加值产品。如日本采用冷冻粉碎技术成功地将甲鱼加工成超微粉末，完美地保存了甲鱼特有的色、香、味和营养成分，产品具有与活甲鱼相同的营养价值，同时拓展了甲鱼的利用途径。如生产甲鱼面条、速制甲鱼汤等。我国海南省的养生堂药业有限公司的主要产品龟鳖丸生产中也应用了冷冻粉碎技术。此外，马尾藻、海带、紫菜等海藻也可以采用冷冻粉碎技术加工处理。采用冷冻粉碎处理可以最大限度地保持海藻的分子结构和生理活性，提高人体的吸收率，同时便于产品的运输和储藏。

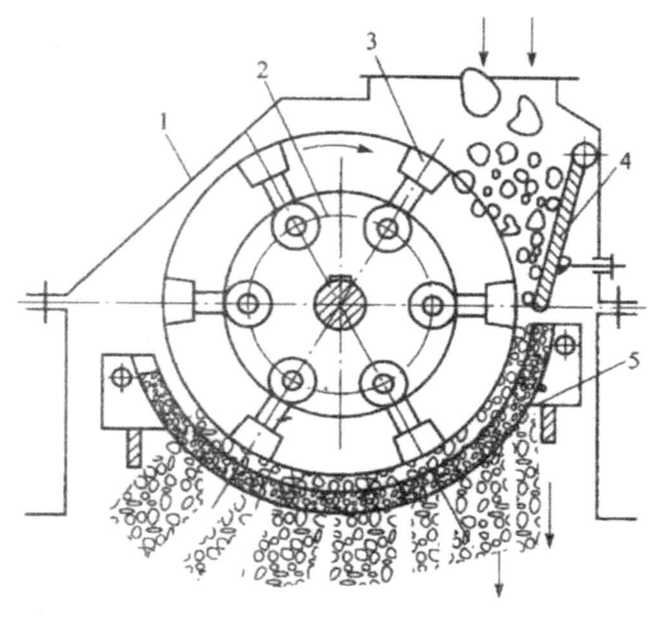

图 2-4　锤式粉碎机

1—机架；2—转子；3—锤子；4—破碎壳；5—筛条

（二）冷冻粉碎技术在果蔬加工中的应用

果蔬中含有大量水分，冷冻粉碎后的果蔬粉末必须采用真空冷冻干燥处理后才能得到干粉。经冷冻粉碎和冷冻干燥后得到的果蔬粉在营养价值、口感上接近未处理前，而其溶解性大大增强，方便了果蔬作为配料在其他食品中的应用。如目前市场上的果蔬饼干即可以采用这种方法加工处理。处理后的果蔬由于含水量极低，产品的保存期限也大大延长。

（三）冷冻粉碎在其他食品中的应用

花粉的保健功效早已为人所熟知，由于花粉受热后生理活性物质受损严重，可以采用冷冻粉碎技术加工处理，各种生理活性成分都可以完好保存；谷类食品在低温下粉碎后，产品粒度更小，溶解度大大提高，食用方便；肉制品工业中的皮、蹄、内脏等副产物也可以采用冷冻粉碎处理，得到的粉剂可以用做营养强化剂使用；昆虫是一类富含蛋白质和微量元素的高品质食品，由于消费者对昆虫的恐惧心理，直接食用不太现实，可以采用冷冻粉碎制成蛋白粉末，然后添加谷物、黑芝麻、淀粉等配料，调配成糊状食品，产品口感好，营养价值高。

第三节 冷冻浓缩技术

冷冻浓缩技术是利用冰和水溶液之间的固液相平衡原理达到浓缩的目的，是近年来发展迅速的一种浓缩方式。由于过程不涉及加热，所以这种方法适用于热敏性食品物料的浓缩，可避免芳香物质因加热造成的挥发损失。冷冻浓缩制品的品质比蒸发浓缩和反渗透浓缩法好，但成本相对较高，目前主要用于原果汁、高档饮品、生物制品、药品、调味品等的浓缩。

一、冷冻浓缩原理

冷冻浓缩是利用固态冰与液态水之间的固液相平衡原理的一种浓缩方法。低共溶浓度对于冷冻浓缩方法至关重要，由于冷冻溶液的浓度是一定的，且有一定限度，当溶液中溶质浓度超过低共溶浓度时，过饱和溶液中的溶质会变为晶体析出，这就是冷冻浓缩中结晶形成的原理。但溶液中溶质变为晶体析出后，溶液中溶质的浓度不但不会提高，反而会降低，但当溶液中所含溶质浓度低于低共溶浓度时，溶液冷却后则溶剂（通常指水分）变成晶体（冰结晶）析出。随着溶剂由液态变为固态析出，原有溶液中的溶质浓度会显著提高，形成浓溶液。这就是冷冻浓缩的基本原理。

冷冻浓缩将水溶液中的一部分溶剂以冰的形式析出，具有可在低温下操作、气—液两相界面小、产品微生物增殖少等突出优点，尤其是冷冻浓缩对热敏性食品及食品中的芳香成分的浓缩极为有利。由于芳香成分通常具有分子质量小、沸点低的特点，含有芳香成分的食品的水分去除不是用加热蒸发的方式，而是依赖从液态到固态的相际传递，因此可有效避免芳香成分受热而挥发造成的损失。对于果汁、果酒等以芳香为重要特色的食品，从保证产品质量的角度来看，采用冷冻浓缩，其品质显著优于蒸发法和膜浓缩法。

二、冷冻浓缩工艺

目前，食品工业上采用的冷冻浓缩系统主要由冰晶生成器、结晶器和冰晶分离器组成。浓缩过程首先将浓缩物料泵入冰晶生成器（热交换器）中，细微的冰晶生成后再泵入结晶器，在奥斯特瓦尔德效应作用下，小冰晶融化变成大冰晶，大冰晶再送入洗涤塔排除冰晶，同时利用部分冰晶融解液冲洗和回收冰晶表面的浓缩液，清洗液回流至进料端，浓缩液则按照上述环节循环浓缩至达到要求后从结晶罐底部排出。

在选择冷冻浓缩工艺时要考虑的因素如下。

（一）冷冻浓缩工艺的适用范围

冷冻浓缩工艺在保持食品原有风味特征方面具有独特功效，但其应用范围也有严格限制。前人研究结果表明：冷冻浓缩技术适用于黏度比较小的液态物料的浓缩，如植物的水提取物、黏度较小的水果汁等。浓缩物料的黏度，也就是流动性对冷冻浓缩效果至关重要，黏度小、流动性好意味着溶液内部各种溶质分子的迁移比较有利；反之，黏度大、流动性差的物料尽管理论上也可以采用冷冻浓缩技术，但实际操作过程中浓缩效果极差。这是由于黏度大的物料溶质分子迁移时受到的阻力过大所致。

（二）浓缩终点浓度

冷冻浓缩的物料一般是一个成分复杂的混合体系，在应用冷冻浓缩之前，要确定物料中哪些成分是目标成分，是需要保留的物质。这些目标成分在初始物料中的浓度应低于低共溶点浓度，冷冻浓缩才不会造成目标成分的损失；同时，理论上讲冷冻浓缩能够达到的极限浓度也是目标成分的低共溶点浓度，但实际操作中目前的冷冻浓缩技术达到目标成分的低共溶点浓度尚存在技术上的困难。

（三）冰晶体积和大小的选择

冰晶的体积和大小对于冷冻浓缩成败至关重要，适宜尺寸的冰晶不仅可以显著降低生产成本，而且便于冰晶的分离。研究证实，冷冻浓缩的成本会随着冰晶尺寸的增大而增加，而后续分离操作的成本以及冰晶夹带造成溶质的损失会随着冰晶尺寸的减小而大幅增加。这表明冷冻浓缩中适宜的冰晶大小与生产成本以及产品质量紧密相关。此外，冰晶的尺寸不仅与冷却速度和晶体成长速度有关，还与分离方式关系密切。不同的冰晶分离方式对冰晶要求不同，渐进冻结式的冰晶尺寸较大，这是由于物料同冻结面接触后冰晶逐渐形成冰层而后再将冰层分离；而悬浮冻结式则是让物料处于过冷状态，使细小冰晶长成相对较大的冰粒后再进行分离。为了防止冰粒对溶质的夹带作用，要求尽量避免局部过冷的形成。

三、冷冻浓缩设备

从冰晶生成原理角度分类，冷冻浓缩可以分为层状冻结法和悬浮结晶法两大类，两类冻结方式的生产设备从结构组成上均含有结晶设备和分离设备两部分。其中结晶设备主要包括管式、板式、刮板式、搅拌夹套式等热交换器，此外还包括真空结晶器、内冷转鼓式结晶器、带式冷却结晶器等设备；分离设备主要包括压滤机、过滤式离心机、洗涤塔以及配套的分离装置等。所有的冷冻浓缩装置并非含有上述所有设备，而是根据实际生产中不同的物料有所舍取，根据实际需要及生产要求选用不同的装置系统。

冷冻浓缩采用的结晶器制冷方式有所不同，可分为直接冷却式和间接冷却式两类。直接冷却式可利用部分蒸发的水分，也可以利用辅助冷媒（如乙醇、丁烷等有机溶剂）蒸发的方法；间接冷却式采用间壁将冷媒与被加工的物料溶液隔开，从间壁的位置划分，间接冷却式设备又可分为内冷式和外冷式两类。

（一）直接冷却式真空冻结器

真空冷却的显著优点是不用设置冷却面，简化了冷却过程，冷却设备相对简单；但其缺点是产品质量较差，尤其是对于含有芳香物质的物料而言，部分芳香物质随着蒸汽或惰性气体一起逸出而损失。直接冷却式真空冷冻器中，物料在绝对压力为267Pa下沸腾，而溶液温度为-3℃，该条件下，必须去除140kg水分才能得到1t冰结晶。由于直接冷却式真空结晶器蒸发过程中产生的低温蒸汽必须不断排除以维持蒸发过程正常进行，而此过程能源消耗较大。为降低能耗，可将水蒸气压力由267Pa提高到933Pa，料液温度提高后，冰结晶也可以作为冷却剂冷凝水蒸气，从而有效降低能耗。目前，食品工业中的大型真空结晶器采用蒸汽喷射升压泵压缩蒸汽，能耗可降低到每排除1t水分消耗电力8KW•h。

果汁、果酒等食品具有独特的香气，含有多种芳香物质，在浓缩过程中会造成芳香物质随蒸汽散逸损失，使浓缩后的产品缺乏产品特有的香气特征。因此，在直接冷却冻结装置上加装适当的回收装置，可实现芳香物质的有效回收，降低蒸发对产品品质的影响。

当浓缩料液进入真空冻结器后，在267Pa的绝对压力下蒸发冷却，部分水分立刻转化成冰结晶。含有冰结晶的悬浮液经分离器分离后，浓缩液从吸收器顶部由泵打入，制品从吸收器下部排出。从冻结器排出来的含有大量芳香物质的水蒸气首先通过冷凝器，水蒸气由气态变为液态，而后排除，再从冷凝器下部进入吸收器，并从吸收器上部将惰性气体排出。此时，在吸收器内，浓缩液与含有大量芳香物质的惰性气体反方向流动，如果冷凝器温度较高，为了进一步减少芳香物质的损失，可将离开吸收器的惰性气体返回冷凝器重新进行一次循环处理。通过多次的循环处理，可以将几乎全部芳香物质实现有效回收。

（二）内冷式结晶器

内冷式结晶器分为两类：第一种是产生固化悬浮液的结晶器，属于层状冻结。由于预期厚度的冰晶层的固化，冰晶层可在原地进行洗涤等操作或整体移出后再在其他地方进行后续处理。这种类型的突出优点是对物料溶液的浓度要求不高，即使浓度较低的溶液处理后也可将其浓度提高到40%以上，同时具有洗涤方便的特点。另一种内冷式结晶器是产生可泵送的浆液的结晶器，结晶操作和分离操作分开进行。这种结晶方式产生的冰结晶颗粒很细，因此冰结晶和浓缩液分离较为困难。第二种结晶器通常是由一个大型内冷不锈钢转鼓和一个料液槽组成，转鼓在料液槽内转动，槽内形成的固化冰晶层随着转鼓的转动被刮刀刮去。这种方法还有一个变型是将料液通过喷雾的形式喷溅到转盘上，由于转盘转速很低，可以通过喷雾量的控制使雾滴很快在转鼓盘上由液态变为固态，再通过固定的刮刀刮去附着在转鼓盘上的片冰。冷冻浓缩所采用的大多数内冷式结晶器多属于第二种结晶器，并且刮板式换热器是第二种结晶器的典型运用之一。

（三）外冷式结晶器

外冷式结晶器有三种类型：第一种外冷式结晶器要求料液首先经过外部冷却器做过冷处理，而过冷度可高达6℃，然后此过冷但却不含冰晶体的料液在结晶器内将其含有的“冷量”放出，由于料液含有较高的过冷度，而过冷度容易导致冷却器内的料液中形成数量众多的晶核以及晶核体积的变大，这些现象会导致流体流动性的改变，因此要求冷却器与接触液体的部分光滑度极高，以免引起液体流动的阻塞；第二种外冷式结晶器是全部悬浮液在结晶器与结晶之间进行再循环，晶体在换热器中停留的时间比在结晶器中短，冰晶体主要是在结晶器内长大；第三种外冷式结晶器的特点是首先在外部热交换器内生成亚临界晶体，而后部分不含有晶体的料液在结晶器内与换热器之间进行再循环。冷却式连续结晶器中设有密封式结晶罐，罐顶加装有物料输入管道。罐底设计为碟形，加装有出口管以排出冰晶和浓缩液。在该设备能够将罐内溶液和一部分加入的料液进行充分混匀，这主要是循环泵的吸入管末端设计在加料管入口的位置，使循环泵可以同时吸取罐内的溶液和一部分加料液。混合液充分混匀后经冷却器冷却，而后泵入结晶罐，从结晶罐底部的出口管流出。

（四）冷冻浓缩设备的分离设备

冷冻浓缩的分离设备主要有压榨机、过滤式离心机和洗涤塔三类。其中水力活塞压榨机和螺旋压榨机是最常用的压榨机类型。但总体而言，以压榨机作为分离设备的冷冻浓缩较少，这主要是由于压榨机适用范围限制。

离心是分离冰晶体的另一种方法，部分冷冻浓缩设备采用离心机实现这一目的。采用离心法可以用洗涤水或直接将冰融化后洗涤冰层，分离效果好于压榨机，但其缺点是洗涤水可以降低浓缩液浓度；此外，由于溶质损失率由晶体的大小和液体的黏度决定，即使采用冰层洗涤，溶质损失率仍高达10%；另外，离心机另一个严重缺点是容易造成芳香物质的损失。

洗涤塔是目前冷冻浓缩工业中常用的一种分离设备，分离操作可以在洗涤塔内进行。洗涤塔是一个密封装置，可以完全避免芳香物质的损失。采用洗涤塔进行分离操作，分离效果好，没有稀释现象。洗涤塔的分离原理主要是利用纯冰溶解的水分排出冰晶间存在的残留液，具体方法可以是连续洗涤，也可以是间歇洗涤。通常由于间歇法只能对管内或板间生成的冰晶体进行原地洗涤，因此实际应用较少，更常用的是连续洗涤。在连续洗涤塔中，晶体相和液相做反方向流动，两相接触紧密，从结晶器出来的含有大量晶体的悬浮液从洗涤塔下端进入，而浓缩液从洗涤塔下端的另外管口经过滤器排出。由于冰晶与浓缩液密度不同，混合后冰晶逐渐上浮到洗涤塔顶端。洗涤塔顶端设有加热器，使部分冰晶融解。融化后的水分向下流动，与后面上浮的冰晶逆流接触，洗掉冰晶间的浓缩液。通过这样的循环流动使冰晶沿着液相溶质浓度逐渐降低的方向流动，冰晶夹带的残留溶质越来越少。

按照推动力的不同，洗涤塔可分为浮床式、螺旋推送式和活塞推送式三种类型。浮床式洗涤塔目前主要用于海水脱盐工业中冰和盐水的分离，在食品工业中运用较少，其原理是运用洗涤塔中冰晶和液体做逆向运动时冰晶体和液体之间存在的密度差产生的推动力。螺旋推送式洗涤塔和活塞推送式洗涤塔是目前食品工业中应用较为广泛的两类。螺旋洗涤塔的推动力是螺旋推送，通过带有螺旋纹的转筒旋转提供推动力。螺旋洗涤塔中间有一个带有螺旋纹的转筒，与塔壁构成了两个同心圆，当晶体悬浮液进入洗涤塔后，转筒和塔壁之间的环隙内有转筒旋转，提供推动力。由于螺旋具有棱镜状断面，转动时可促使冰晶沿塔体移动，同时还具有搅拌的效果。

目前螺旋式洗涤塔广泛应用于有机物的分离。活塞推送式洗涤塔主要以活塞往复运动提供的动力促使冰层移动。晶体悬浮液从洗涤塔下端进入，由于活塞的挤压作用使小冰晶逐渐聚合成为结实多孔的冰床。当浓缩液流出洗涤塔时要经过过滤器；同时活塞的往复运动使冰床逐渐移动到洗涤塔的顶端，这使冰床移动方向与洗涤液方向相反。在活塞床洗涤塔中，浓缩液未被稀释的床层区域与已洗涤完毕的晶体床层之间相当接近，一般只有几厘米。

四、冷冻浓缩技术的应用

冷冻浓缩是典型的低温浓缩技术，由于低温的存在，可以使传统浓缩手段中极易被热破坏而损失的营养成分和香气物质得到完美保留，品质接近未被浓缩前的原料品质。

（一）啤酒工业

啤酒工业是冷冻浓缩应用较为成熟的工业之一，产品的色、香、味基本不受到任何影响。冷冻浓缩在啤酒工业上的主要应用有：用于出口、运输和啤酒配制的后调制技术。如啤酒出口时为了降低运输成本可采用冷冻浓缩技术将啤酒体积减小25%，浓缩后的啤酒运输到目的地后，仅加入水和CO_2便可恢复啤酒浓缩前的品质，无论是口感还是外观上均与浓缩前几无差别。啤酒浓缩物的使用还可以提高啤酒厂的生产能力，错开生产高峰期。冷冻浓缩在啤酒工业最典型的是“冰啤”的生产。“冰啤”最早是由加拿大公司首先应用的商品名称，是应用冷冻浓缩技术生产的啤酒新产品。传统啤酒由于工艺水平和消费者消费习惯等原因，酒精度普遍在3%左右，而“冰啤”的酒精度较高，主要有5.6%和7.1%两种。产品生产全过程在-10℃条件下进行，保持了啤酒的全部风味，产品浓度和酒精度有较大提高，良好的口感赋予“冰啤”广阔的市场，产品一经面世便赢得了消费者的欢迎，这种产品出现后半年内即占有了加拿大啤酒消费市场12%的份额。国内部分学者和厂商也在研究将冷冻浓缩技术应用于啤酒生产。高灵燕等详细介绍了冷冻浓缩技术生产冰啤的设备与工艺，并详细阐述了采用冷冻浓缩技术生产的啤酒，影响啤酒风味特征的酯类化合物和醛类化合物含量均比传统方法生产的啤酒明显降低，产品具有口感好、啤酒花香味突出、酚类等化合物含量适中等特点；此外，采用冷冻浓缩生产的啤酒的稳定性和保质期均显著优于普通生产的同类啤酒，同时具有工艺简单、控制严格、生产成本低等优点。但总体而言，尽管冷冻浓缩设备属于一次性投资，但由于投资费用较大，影响了这项技术在我国啤酒工业中的推广发展。

图2-5是冰啤生产的示意图。0℃左右的啤酒泵入刮板式换热器中，由于泵入的啤酒本身温度很低，在换热器中即刻有大量直径为10~50μm的细小冰晶生成，在混合罐的调控下，冰晶直径由小变大增长至500μm左右，随即进入洗涤塔进行冰水分离，分离后的冰块在融冰装置中转变为液态水，用于洗涤塔，冷冻浓缩分离得到的纯水则可以重新用于啤酒生产，最后浓缩的啤酒在冰点温度下泵出冷冻浓缩系统。冷冻浓缩技术在啤酒生产中不仅可以去除部分水分，同时还具有除去引起啤酒浑浊的多酚、单宁酸等物质，进一步提高啤酒品质。

（二）乳品工业

乳品工业是冷冻浓缩又一重要应用领域。目前乳品工业中产量、产值最大的为液态奶。在液态奶生产过程中有时需要脱去部分水分。传统的去除牛奶中的水分普遍采用减压蒸馏或闪蒸，这些方法主要特征都是加热，而牛奶受热后不可避免地造成某些营养物质的损失，如维生素损失、蛋白质变性。冷冻浓缩技术为牛奶脱水提供了良好的解决方法。目前已经证实，冷冻浓缩后的牛奶再加水复原后其口感和未经处理的鲜奶几乎没有任何差别，比常规浓缩方法生产的浓缩牛奶更胜一筹。目前国外对冷冻浓缩在乳品工业中的应用进行了广泛深入的研究。美国乳品研究基金会（DRF）、美国电力研究院（EPRI）、美国能源部（USDE）和荷兰

Grenco公司联合进行了牛奶制品冷冻浓缩的研究，浓缩了包括全牛奶、脱脂牛奶、甜乳清、酸乳清、乳清蛋白浓缩物和乳清透过物在内的6种牛奶制品，取得了良好效果；研究成果还同时发现在对乳制品进行冷冻浓缩时，乳糖也可以结晶从而分离出来，这样对于患有乳糖不耐症的人群无疑是一个巨大的福音，同时也扩大了乳制品的消费人群。

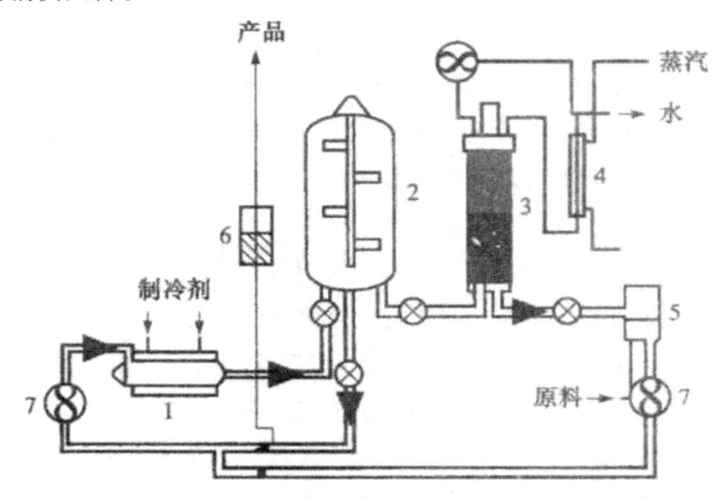

图2-5　冰啤生产示意图

1—旋转刮板式结晶器；2—混合罐；3—洗涤塔；4—融冰装置；
5—储罐；6—成品罐；7—泵

（三）咖啡工业

咖啡是世界三大饮料之一，也是欧美发达国家的主要消费饮料。速溶咖啡最早的生产工艺是冷冻干燥和喷雾干燥。冷冻干燥对咖啡中芳香物质的保留效果更好，产品速溶性极佳，但这种生产技术的最大弊端是生产成本高。而冷冻浓缩生产成本较低，可以将两种干燥方式结合起来，形成优势互补，显著降低速溶咖啡的生产成本。世界上第一个将冷冻浓缩装置与喷雾干燥相结合使用的设备出现于1986年，多种生产设备的优化组合使速溶咖啡的品质更接近于天然咖啡，产品更为芳香浓郁。此外，以咖啡为主料，添加牛奶等辅料的液态咖啡市场近年来发展迅速，冷冻浓缩技术对于咖啡提取物的浓缩也有显著优点，在浓缩咖啡时，香气成分物质损失率小于1%，而生产成本大大降低；同时，可根据客户需要调节浓缩比例，或直接装瓶销售，或作为半成品销售。

（四）果汁工业

冷冻浓缩技术在果汁中的应用是国内研究成果最多的一个领域，国内诸多学者对冷冻浓缩技术在橙汁、草莓汁、菠萝汁、樱桃汁、桃汁等多种水果果汁中的应用均有研究；国外的研究主要集中于特色果汁方面，如菠萝汁、黑莓汁、黑加仑汁、红醋栗汁和樱桃汁等。冷冻浓缩处理的果汁在维生素方面几乎没有损失，且产品口感极佳，甚至连专业食品感官评审员都不能分辨冷冻浓缩前后的柑橘汁。目前，冷冻浓缩技术在橙汁中的应用最为成熟，有效解决了橙汁运输过程中的成本问题，保证了橙汁口感的纯正和天然，还可以防止橙汁颜色的改变。由于果汁工业同其他工业相比产量极大，冷冻浓缩技术不可能全部适用，实际生产中通常将冷冻浓缩和传统蒸发手段相结合，两种手段浓缩后的橙汁勾兑后混合使用。

（5）其他工业的应用

冷冻浓缩技术在其他食品工业中也有广泛应用，如冷冻浓缩的优势可以应用于酿酒产业，除啤酒外有人通过对葡萄酒进行冷冻分离实验发现酒精和还原糖比较容易利用冷冻浓缩使其在液相中进行浓缩分离，从而大大改善了白葡萄酒的品质；我国是甘蔗生产大国，甘蔗除用于生产蔗糖外，甘蔗汁也可以作为饮品销售，但甘蔗汁热敏性很强，普通的蒸发浓缩极易使甘蔗汁焦糖化，风味彻底丧失，应用冷冻浓缩后甘蔗汁品质稳定，除了颜色、气味和甜味方面更为浓重外，基本保持了浓缩前甘蔗汁的原有风味；对于传统调味品产业，如酱油和食醋，也可以应用冷冻浓缩技术将其部分水分脱除，浓缩后的酱油和食醋浓度更高，用量更小。

第四节　冷冻干燥技术

冷冻干燥作为一门技术得以发展和应用始于20世纪40年代，但很早以前人们就有对冷冻干燥的“模糊认识”，甚至自觉或不自觉的已经应用冷冻干燥技术。很久以前，国内外就有在寒冷的冬天将冻肉放在室外干燥的报道。

到了20世纪90年代，冷冻干燥技术在食品工业中又开始得到广泛应用。这主要归功于冷冻干燥机械的发展使这一技术的应用成本得以降低，加上冷冻干燥食品能够完美保存食品原有品质，使冷冻干燥技术又迎来了第二个发展的黄金期。目前国外冷冻干燥技术生产的食品已广泛占据超市的食品货架，美国方便食品中冻干食品已经占到45%左右。冻干食品在发达国家已经相当普及。

一、冷冻干燥原理

（一）水和水溶液的状态变化

冷冻干燥同其他干燥方式的本质相同，即将食品当中的水分去除。因而要了解冷冻干燥的原理，首先要了解水及水溶液的存在状态及变化状态。

水在常温常压下呈现液态，当温度上升后，部分水由液态转变为气态，而温度上升到100℃以上时，水会全部转变为水蒸气。当温度又重新降低到100℃以下后，水从气态转变为液态；随着温度降低到0℃以下，液态水又会转变为固态，这也就是水的三相态。在不同的温度下在气态、液态和固态之间相互转变。三相变化图。当然，除温度外，气压对水的存在状态也有影响。在常压附近条件下（高于或低于常压），水的三相转化与常压类似，但在具体发生相变时温度有所不同。当压力降低到一定数值时，沸点可以与冰点重合，这样固态的冰可以越过液态而直接转变为固态，这也就是水的三相态，这时的压力称为三相点压力，对应的温度称为三相点温度。国际计量大会规定，水的三相点温度为0.001℃，对应的水的饱和蒸汽压为610.5Pa。

（二）物料中水分的冻结

共熔点温度简称共熔点，是指完全冻结的溶液或制品当温度升高至开始出现冰晶熔化的某一点时的温度。通常，溶液或制品的共晶点和共熔点并不相等，但对升华而言，温度必须低于共熔点；对溶液而言，溶液中结晶的晶粒数量和晶体的大小与溶液本身性质有关外，还与晶核的生成速率和晶体生长速率有关，这两者又随着冷却速率和温度的不同而变化。制品中形成的晶核数量同冷却速度、过冷温度有关，冷却速率越快、过冷温度越低则来不及生长就被冻结，晶核数量相应越多；反之，晶核数量少而体积变大。

在接近0℃时，晶核生成速率低（图2-6），但生长速率迅速增加。因而溶液在接近0℃的温度下冻结，溶液中会形成颗粒较大的冰晶；反之，溶液在更低的温度下冻结会得到个体小而数量多的晶体。生物物料冻结时，形成的冰晶类型主要取决于冷却速度、冷却温度及溶液浓度。在0℃附近冻结时，冰晶呈六角对称形，冰晶沿六角形六个主轴方向生长，同时还会延伸出若干副轴，形成一个不太规则的多边形。主轴与副轴共同将许多冰晶相连，形成了一个网络结构，单个冰晶失去原有的六角对称形式。众多的冰晶结合在一起后，形成了一个复杂的多聚体，呈现任意数目轴的柱状体，形似树枝，成为一种不完全的球状结晶，并通过重结晶完成其再结晶过程。冰晶的形状和大小也会影响冷冻干燥速率。食品工业中常用的快速冻结会形成许多个体微小的冰晶体，小的冰晶在升华时外逸的通道少，干燥速率低；而个体较大的冰晶升华时通道多，外逸顺畅，干燥速率快。

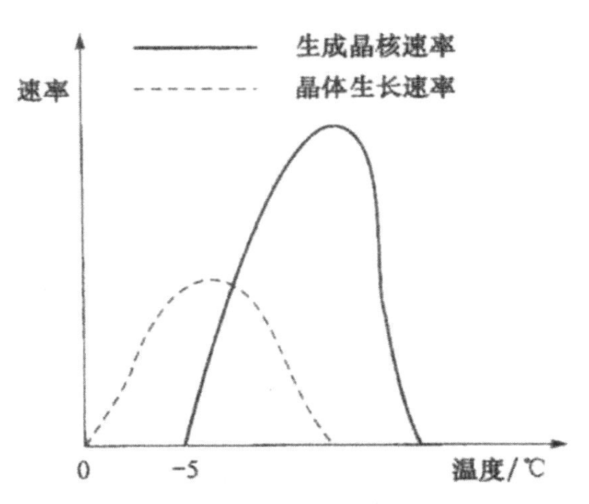

图 2-6 晶核生长和生长速率与温度的关系

二、冷冻干燥工艺

冷冻干燥工艺主要包括三个阶段，即预处理、冷冻干燥、包装储藏，其中冷冻干燥是整个工艺的重点。

（一）预处理阶段

(1) 果蔬的预处理

食品冷冻干燥之前，必须对其进行一些必要的物理或化学方式的预处理。根据不同的食品，预处理包括分选、清洗、切片、烫漂、杀菌、浓缩等。

果蔬类食品的预处理主要包括原料的分选、清洗、去皮、修整、烫漂、护色等处理。分选和清洗对于所有的果蔬原料都是必需的步骤，其他处理则根据原料品种视具体情况而定。但不管何种处理方式，其目的都是为冷冻处理提供必要保证。果蔬原料的分选包括选择和分级。果蔬原料在冷冻前必须进行分级，通过选择将不合格的、霉烂的原料剔除，再将原料按照大小、色泽、成熟度等进行分级。这样既有利于后续的切片、烫漂、护色等处理，也能够最大限度地保证冷冻干燥的产品品质上呈现一致性。选择和分级之后是对果蔬进行清洗，通过清洗去除果蔬表面附着的泥土、杂质，同时去除部分微生物及部分残留的农药。切片、护色、烫漂等工序对于不同的果蔬差别较大，对于特定的果蔬的护色、烫漂及切片工艺不仅从产品外形要求考虑，同时还要考虑冷冻干燥的要求。如果果蔬当中含有的内源酶在冷冻干燥过程中随着水分的散逸浓度提高，可能会造成果蔬制品的褐变。为了防止这种现象的发生，部分果蔬的烫漂就显得必要。通过烫漂可以使酶的活性钝化，果蔬的色泽稳定，水溶性维生素得以保存；此外，烫漂还有助于排出果蔬内含有的空气，减少氧化作用，还可以软化细胞组织，杀灭附着在原料表面的微生物等。切片不仅是赋予果蔬制品良好的外形，同时对于某些果蔬而言也是冷冻干燥工艺的要求。切片的薄厚很大程度上决定了冷冻干燥过程传热传质的效果。一般来说，干燥时间与食品的厚度呈立方关系增长，物料的尺寸过大或厚度过厚都会显著延长冷冻干燥时间；过薄过小又会使果蔬在切片过程中大量汁液损失，营养价值降低。

（2）肉类食品原料的预处理

肉类原料的预处理包括按照产品的要求去除过多的脂肪，切成适当的大小及形状，熟化处理或添加必要的抗氧化剂或发色剂等。

肉类食品原料富含蛋白质和脂肪。其中脂肪是对冷冻干燥有较大影响的组分，这主要是由于脂肪的水分含量较少，在长时间干燥时，脂肪可能发生熔化，产生变色和变味。此外，脂肪熔化后原有组织状态由相对坚固变得塌陷，将肌肉组织中冻干层堵塞，阻碍水分向外散逸。通常肉类在冻干前要尽量去除脂肪组织，坚硬的骨头一般也要剔除，这是由于骨头的干燥时间长，且从经济角度考虑不划算。肉类冻干时，组织形态和形状对干燥效果影响较大。由于肉类由肌纤维组成，在分割时应尽量让切割面与肌原纤维的方向垂直，这样便于水分的散逸，同时有利于热量的传递。肉类的切分可以在非冻结、半冻结和冻结状态下进行，以半冻结和冻结状态下切割得到的冻干品复水效果最好，汁液流失少。由于肉类的冷冻干燥产品通常都是直接食用的，肉类食品在冷冻干燥前都要加热熟化。预处理过程中适当添加一些抗氧化剂，如维生素C、谷胱甘肽等，可以防止脂肪、蛋白质和色素等物质的氧化。

（3）液态食品的预处理

液态食品目前可以应用冷冻干燥技术的主要有牛奶、蛋清及蛋黄等禽蛋制品、果汁、茶叶提取液及咖啡等。不同的液态食品预处理方式差别很大，但共同操作都包括杀菌、浓缩，其余针对不同产品有添加抗氧化剂、抗结剂等。杀菌操作因产品品种而异，对热不敏感的食品如牛奶可采用巴氏杀菌。浓缩操作根据产品可采用膜浓缩、冷冻浓缩或反渗透浓缩等，浓缩可提高产品浓度，降低冷冻干燥成本和负荷。液态食品进行冷冻干燥时一般放置在盘子等平板容器中，要求容器面积大，厚度薄，以增大升华表面积；也可采用冻结后低温粉碎制成颗粒再进行冷冻干燥。

（二）冷冻干燥阶段

冷冻干燥阶段是冷冻干燥工艺的重点，主要包括冻结、升华和解吸干燥三个阶段。

（1）冻结

冷冻干燥技术中冻结使用的冷源一般有以下几种：干冰和乙醚混合，可达到-

72℃；液氮，可达到-196℃；压缩式制冷机，根据压缩机级数分为单级压缩机、双级压缩机、两个单级压缩机的复叠式和一个单级和一个双级的复叠式，这四种压缩方式可分别实现-30℃、-60~40℃、-80~60℃和-100℃的低温。这类方法具有经济和便捷的特点，目前几乎所有的冷冻干燥机都采用这种冷源；低压冻结，压力突然降低时产品中的水分瞬间蒸发，可快速吸收产品的大量热量，从而降低产品本身的温度以实现冻结。

具体的冻结方法有以下几种：

1.冻干机内搁板冻结

冻干机内搁板冻结是液态食品原料常用的冻结方式，这是由于液体冻结后形成的固体导热性能好，接触传导热有利于提高冻干速率。采用搁板冻结时将专用物料盘放置在搁板上，冻结温度为-50~40℃，冻结时间约为1.5h。为了保证冻结的牢固，可将冻结时间延长至2h。

2.冷库冻结

冷库冻结优点突出，适用范围广，冻结量大，固态食品物料均可以采用这种方式，适用于规模化生产，且生产设备投资远低于冻干机。为了充分利用冻干设备的生产能力，工厂多采用专用的冷库或冻结器冻结。冻结库内设有专用运输轨道，方便物料和产品的运进和运出。之前处理好的物料经专用车或其他运输工具送入库内，放置在合适位置。冷库温度约为-40℃，采用强制冷风循环。冻结时间视产品尺寸、种类等特性而定。冻结完毕后，在最短时间内送至冻干设备的干燥箱中进行干燥。

3.抽空冻结

抽空冻结从工艺上划分又可分为静止抽空冻结、旋转抽空冻结和喷雾冻结三类。静止抽空冻结主要适用对象是冻结固体制品，冻结箱内有搁板，将要冻结固体物料放置在搁板上，而后降低箱内的压力直至接近真空。这时物料中的水分立刻从物料中散逸到冻干箱内，水分散逸的速度与真空度呈正相关，真空度越大则散逸越快。由于物料温度不变，即没有外界热量的传入，水分的散逸会吸收大量的热，从而起到冻结物料的效果。当物料水分含量较高时会降低冻结的效果，这时应开启真空泵，将水分排出，继续降低干燥箱内的压力。但要注意，不能将水蒸气直接与真空泵连通，否则会导致水蒸气污染真空泵中的油，降低真空泵工作效能甚至损坏真空泵，必须将水蒸气凝结在低温冷阱中；也可以采用蒸汽喷射泵抽真空，直接将水蒸气排放到环境空气中。旋转真空冻结主要适用于液态物料冻结。将装有液体的安瓿瓶置于旋转抽空机的真空箱内，开动离心机达到额定转速后启动真空泵。安瓿瓶内物料的水分会因压强的降低吸收周围物质的热量而蒸发，未蒸发的部分则因热量散失而冻结。离心机的功效是抑制安瓿瓶内液体产生沸腾而起泡。这种冻结方法不仅可以去除约16%的水分，冻结后溶液的浓度也会升高；喷雾冷冻是目前新兴的一种新型冻结方式，喷雾冷冻的原理和设备同喷雾干燥类似。液态物料通过进料管打入喷嘴后以小液滴形式喷到一个旋转的圆盘或是一条传送带上，圆盘或传送带与喷嘴距离仅有几厘米，喷嘴与圆盘的轴心平行。当雾状物料喷到圆盘或传送带上后，由于雾状液滴所处的环境是真空，水分立刻蒸发，小液滴变为固态。这种冻结装置也可以用圆筒代替圆盘，喷嘴与圆筒的轴线垂直，喷嘴在圆筒内部将液体喷在内壁上从而发生冻结。

4.旋转冻结器冻结

旋转冻结器冻结出现历史较早，在食品工业中应用范围有限，而在医药工业中应用较为广泛。如人的血浆的冻结就是采用这种冻结方式。旋转冻结可分为卧式冻结和立式冻结两种。

5.其他冻结方式

除上述常用的冻结方式外，还有一些较为特殊的冻结方式。如分层冻结、反复冻结和粒状冻结。为防止产品冻结时相互干燥造成质量降低，可采用特殊冻结装置进行分层冻结，首先在瓶中装一种溶液进行冻结，冻结结束后再加入另一种溶液再进行冻结。若加入第二种溶液进行冻结时会导致第一种已冻结的溶液融化，则可以在两层溶液间加入一层隔热材料实现双层冻结。这种冻结方法加入溶液时的顺序是共熔点低的溶液后加入冻结。分层冻结尽管操作稍显烦琐，但应用方便，且节省安瓿瓶等容器和包装材料，减少封口次数，但复水后一般要立即使用。反复冻结的适用对象是共熔点低、结构复杂、黏度大的液体物料，如蜂蜜、蜂王浆等。这类物料冻结过程中水分升华后都有软化现象，且表面会产生气泡，水分升华时会赋予产品表面黏稠状的网状结构，不仅影响冻结效率，而且降低产品外观品质。为保证冻结效果，可采用反复冻结。具体方法为：如某产品共熔点为-25℃，首先将产品温度降低到-45℃，再将产品温度升高至低共溶点附近，如-28℃，维持0.5h后再将温度降低到-40℃。这样如此反复几次后，可以使产品的晶体结构发生改变，产品表层外壳由致密变得疏松，有利于水分的升华外逸。

粒状冻结原理是将液态物料以滴状加入到液氮中，滴状物料中散逸出的气体会使物料液滴浮在液氮表面，冻结后才由于密度加大沉入液氮底部，且尺寸较小，一般直径在4mm左右。将得到的球状冻结体放入一个特定的盘子里，盘子底部加热，冻结体中剩余的一部分气体外逸，同时形成一个悬浮的气体床，把热量传递给上面的冻结体。这样热量一层一层的传递后，干燥的冻结体因水分少、密度小而上浮，没有干燥的则下沉，实现了冻结体位置的变化。经过这样处理的冻结体再进行冷冻干燥时干燥速率要快得多。

（2）升华阶段

冷冻干燥中维持升华干燥顺利进行有两个基本条件：一是升华产生的水蒸气必须不断从物料表层被移走，二是外界必须不断地给升华提供所需要的热量。升华干燥实际上是一个传热、传质同时进行的过程。只有当传递给升华界面的热量等于从升华界面逸出的水蒸气所需要的热量时，升华干燥才能不断地顺利进行。

目前关于冷冻干燥中传热传质的研究已有大量的研究成果，有的是根据不同的制品形状（如平板、球形、柱形），有的是根据供热方式（如单面供热单面升华、双面供热双面升华或双面供热单面升华等），有的则是按照不同的假设条件（如稳态、亚稳态和非稳态传热传质）。不管是根据何种分类标准，都建立了相应的数学模型。

不同的研究成果对传热和传质的研究是根据不同的标准进行的，由于冻干过程中，冻层和干层之间存在传热温差，且升华界面的温度和压力随时间的变化而变化。随着升华界面由表往里的逐步推移，除升华水蒸气所需要的热量外，还需要一部分热量用于提高冻层和干层温度的显热，而且这部分显热的量是随着时间而变化的。采用微分方程建立传热模型时，方程中含有随时间变化的项，这种含有随时间变化的项的数学模型称为非稳态模型，这类模型的计算非常复杂，且可靠性较差，需要进行实验来验证和修正。为了简化计算，可忽略所需要的显热，将冻层、干层温度和升华界面的压力视为常量，则所建立的传热方程不包括时间这一变量参数，冻干过程也视为稳定传热过程，这种模型称为稳定模型，稳定模型用作定性分析用途广泛。

（3）解析干燥阶段

解析干燥又叫二次干燥，主要作用是去除残存在食品中的结构水，由于这部分水以吸附的方式存在于食品中，去除时必须提供足够的热量；同时提供的热量又必须保证不能降低食品品质，如对产品产生焦化现象、表面塌陷现象等。解析干燥操作一般将食品中水分含量维持在2%~5%。

（三）包装与储藏

（1）防止产品吸湿与氧化

冻干食品水分含量极低，在储藏过程中由微生物导致的腐败变质情况很少。由于冻干食品水分升华时在产品表面形成了细小空隙，使产品具有疏松多孔层的结构，产品的表面积显著增大。因此吸湿和氧化是引起冻干食品品质降低的两个主要问题。

冻干食品具有类似茶叶和活性炭的疏松多孔层，这使冻干食品极易吸湿。切片的冻干食品吸湿后会产生回缩变小的情况；粉状冻干食品则极易发生粘连结块，甚至发生潮解；此外，冻干食品吸湿后还存在微生物生长繁殖的问题。吸湿不仅导致冻干食品形态发生劣变，而且也容易发生腐败变质，应防止吸湿的发生。

由于表面疏松多孔层的存在，还使冻干食品的表面积显著增大，与空气中氧气的接触面积也增大。如冻干食品中含有较多的油脂或容易发生氧化的物质，如色素、维生素C等，这些物质就会因为与氧气接触而氧化，导致油脂哈败、产品褪色或产生异味等，显著降低产品品质，严重时甚至使食品完全丧失食用品质。因此，氧化也是冻干食品包装时应该考虑的重要问题。

无论是吸湿或是氧化，都与水分关系密切。但冻干食品的水分含量并非是引起产品品质降低的主要原因。对于引起产品品质降低的因素而言，比水分含量更重要的是水分活度（Aw）。水分活度低可以抑制细菌、霉菌、酵母的生长。尽管水分活度低对于抑制微生物的生长繁殖较为有利，但对于某些食品成分而言，水分活度低并不是好事，如脂肪在较低的水分活度下仍然能够氧化。因此，尽管一般而言较低的水分活度对于延长食品的保藏期有利，但并不是说水分活度越低越好。为了获得产品最高的储藏温度和保持各种营养成分，应当确定冻干食品的最佳水分活度。

（2）包装材料

用于冻干食品的包装材料并无特殊要求，一般能够应用于食品的包装均可以。通常要求包装材料安全、无毒副作用、隔氧、遮光、不吸湿，具有一定的机械强度，适用于机械化包装，并易于储运和使用。不同的食品在具体包装时也可以根据保质期选择不同的包装材料。如产品保质期较长（2年或2年以上），最好采用金属或玻璃材料。复合铝箔袋是一种近年来广泛应用的材料，其价格低、韧性好、机械强度大、质地柔软。复合铝箔袋有以下几种复合压叠的形式，如铝箔+聚乙烯、玻璃纸+聚乙烯+铝箔+聚乙烯、纸+聚乙烯+铝箔+纸+聚乙烯、玻璃纸+聚乙烯+铝箔+纸+聚乙烯。复合铝箔袋的隔氧和防水的能力取决于上述几种材料的叠放次序。包装材料除要求隔氧外，在包装的时候也要注意尽量做到包装材料内没有氧气。一般采用真空包装或充氮的方法将氧气置换掉，残留的氧气浓度不应高于2%。为了降低水分对产品的影响，还可以在包装材料内放置干燥剂，如活性炭或氢氧化钙等，但要注意干燥剂的包装一定要密封，以免污染食品。

三、冷冻干燥设备

冷冻干燥设备种类多样，但基本组成相同，主要设备有制冷系统、真空系统、供热系统、干燥系统和控制系统五部分（图2-7）。

（一）制冷系统

制冷系统主要由冷冻机、冷冻干燥室和水汽凝结器内部的管道组成。冷冻机组可以使用相互独立的两套，也可以使用两者合用的一套。根据冷冻干燥实际需要的低温，还可以采用不同级别的压缩机，如单级压缩、双级压缩等。

（二）真空系统

真空系统由冷冻干燥室、水汽凝结器、真空阀门和管道、真空泵和仪表盘等构成。真空系统最主要的要求是密封性能好，一般采用两级组合即机械泵与罗茨泵的组合。

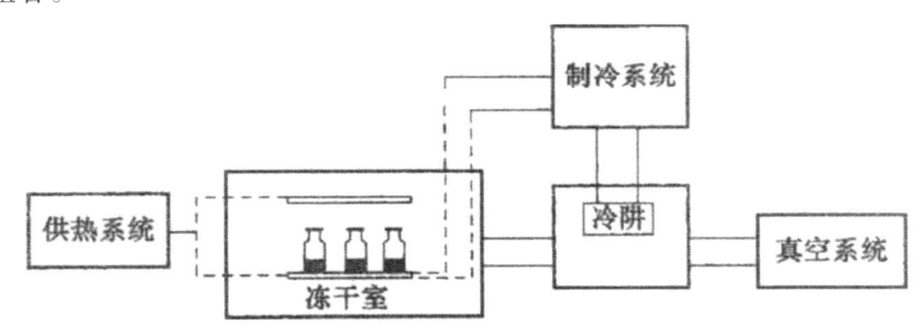

图 2-7　冷冻干燥装置主要组成

（三）供热系统

冷冻干燥过程需要给物料中的冰晶提供升华所需要的热量，以维持正常的水分散逸，并给水汽凝结器内的积霜提供融化所需的热量。因此，冷冻干燥设备必须要有加热装置。根据加热装置提供的热量的不同，可分为直接加热和间接加热两类。直接加热一般采用电加热、微波加热或远红外加热；间接加热是最常用的加热方式。它是用载热体首先加热载热介质，然后再将载热介质用泵送入搁板。载热体可以是蒸汽或压缩机排放的热气。载热介质要求无腐蚀性、无毒无害，水、甘油等均可以作为载热介质。供热系统提供热时，应保证适宜的传热速率，标准是能够使冻结层表面达到尽可能高的蒸汽压，但又不使冻结层融化。

（四）干燥系统

（1）干燥箱

干燥箱是一个真空的密封容器，内有可以放置物料的隔板。干燥箱是冷冻干燥装置的重要部分，干燥箱性能的好坏直接决定了整个冷冻干燥系统的工作效率。干燥箱的形状有圆柱形和长方体形两种，这两种干燥箱各有优缺点。长方体干燥箱由于呈矩形结构，受力差，工作时内部为真空，因而需要采用加强筋予以加固，通常采用碳素钢的矩形钢槽钢或工字钢等；圆柱形干燥箱强度大，易清洗，不留死角，但空间利用率不如长方体形干燥箱。干燥箱对温度的要求跨度比较大，一般要求能制冷到-40℃甚至更低，又能加热到50℃左右。干燥箱装有管道和真空阀门与水汽凝结器相连，用于排除箱内的水蒸气；同时还有管道与热交换器和制冷机相连，以获得物料冰晶升华所需要的热量和低温环境。

（2）水汽凝结器

冷冻干燥时产生的水蒸气必须不断地去除才能保证干燥过程的顺利进行。去除水蒸气有两种方法，一种是化学吸附法，采用化学干燥剂吸附去除水蒸气；更常用的方法是采用物理吸附法，即利用了水蒸气遇冷后凝结的特性。只不过冷冻干燥的水蒸气遇到的“冷”温度低，并没有凝结成水，而是直接凝华转化为冰。这种装置称为水汽凝结器或冷凝器，又叫冷阱。水汽凝结器位于干燥箱和真空泵之间，水汽的凝结依靠箱体和水汽凝结器之间的温差而形成的压力差作为推动力。由此不难看出，水汽凝结器表面的温度要低于干燥箱。水汽凝结器内的温度一般保持在-50~40℃。有些水汽凝结器上还设有除霜装置、排出阀、热空气吹入装置等，用来融化凝结的冰霜和排出内部的水分，并将室内吹干。水汽凝结器结构种类繁多，按照放置的方式有立式和卧式；按照筒体内凝结面的形状有列管式、螺旋管式和板式等。

（五）控制系统

控制系统由各种开关、安全装置、自动监测传感器和仪表组成，主要作用是有效控制冷冻干燥过程操作，保证产品质量。

四、冷冻干燥技术的应用

同其他干燥方式相比，冷冻干燥技术在维持食品原有的形状、色泽、质地、风味及营养成分方面具有无可比拟的优势，是对食品品质破坏最小的一种干燥方式。冷冻干燥技术不仅适用于固体食品（如肉类、水果、蔬菜、水产品及禽蛋制品），还适用于液态食品（如咖啡、果汁等），而且特别适用于对热敏感的食品的干燥；对于营养保健类食品，如人参、鹿茸、蜂蜜、花粉等，采用冷冻干燥更具有优越性。正因为如此，冷冻干燥技术越来越受到人们的青睐。

（一）冷冻干燥技术在软饮料中的应用

茶和咖啡都是世界三大饮料之一，已经跨越了国家的界限，成为风靡世界的深受消费者欢迎的饮料。这两种饮料在采用传统热加工的手段干燥时，产品的外形、口感、色泽等多种品质均有显著降低。目前国内外对此进行了深入研究，冷冻干燥技术已成为茶和咖啡生产过程中重要的加工手段。

（1）茶

随着人们生活节奏的加快，消费者对茶的消费方式提出了更高要求，传统的热水冲饮已不能适应人们对食品方便的要求，饮用方便、无需倾倒茶渣的速溶茶及各种茶饮料应运而生。冷冻干燥技术不仅能够完美保持茶叶中的各种有效成分，而且在茶饮料的速溶性方面具有独到的效果。

速溶茶的一般生产工艺流程为：茶叶→拼配→浸提→净化→预冻结→冻干→包装。

速溶乌龙茶的工业化加工生产线的设备配置流程为：多功能提取罐→过滤→精滤装置→超滤装置→反渗透装置→储液输送罐→自动灌装机→速冻库→喷雾冻结干燥→制粉→包装。

其中喷雾干燥冻结大致工艺流程为：将茶叶浸提浓缩液（要求可溶性固形物含量高于40%）预热至-55~60℃，通过管道打入喷雾冻结装置；茶叶浸提液进液压力为21kPa，输入加热蒸汽压力为69kPa；喷雾冻结塔内绝对压力保持在24Pa，尽管冷冻干燥可赋予产品良好的速溶性，对于茶饮料而言，为了进一步提高其速溶性，可在料液中混入少量惰性气体。料液在喷雾冻结装置中首先喷成小液滴，而后被干燥成粉状。通过上述工艺生产的速溶茶溶解性好，色泽诱人，风味好于常规喷雾干燥的产品。

（2）咖啡

速溶咖啡是咖啡的主要消费方式，消费量占咖啡市场的70%以上。速溶咖啡目前已经形成了相当的工业生产规模，而且市场需求还在不断增长，规模还有进一步扩大的趋势。速溶性对速溶咖啡至关重要，传统的喷雾干燥方法，由于热空气温度过高，极易造成咖啡香气成分的散失，严重损害产品品质。冷冻干燥技术是目前世界上生产高品质速溶咖啡的主要生产方法，以这种技术生产的产品品质最佳、风味和口感最好，完美地保留了炒磨咖啡的风味和口感。

速溶咖啡的冷冻干燥工艺主要为：预处理→炒制→磨碎→萃取→真空浓缩→冷冻干燥→包装。具体工艺为：含可溶性固形物为45%左右的咖啡液预热到60℃后进入喷雾冻结装置，咖啡料液的进料压力为34.3kPa，加热蒸汽的喷入压力维持在205kPa左右。在上述工艺参数下，咖啡料液首先被雾化成直径在300~500μm的小液滴，喷雾塔内绝对压力保持在13.3Pa，咖啡料液的小液滴在降落的1.5s内即被冻结成小冰晶，而后从喷雾塔内进入冷冻干燥箱中。干燥结束后的产品颗粒完整，大小均匀一致，具有咖啡特有的色泽和香气，密度约为190kg/m^3，冲饮后速溶性好，饮用完毕后杯底基本看不到残留咖啡渣，产品风味和口感接近炒磨咖啡。

（二）果蔬的冷冻干燥

（1）冻干菠菜的加工

菠菜属耐寒性绿叶蔬菜，采用冷冻干燥技术处理后能保持菠菜原有的色泽、香气、滋味和营养成分，可进一步作为辅料添加到面点、饼干、儿童食品及饮料中。菠菜的冷冻干燥工艺大致为：选用叶大肥厚的新鲜菠菜，剔除黄叶、病斑叶、虫蛀叶等非可食部分后进行清洗和切分，一般切成1cm长的碎片。切分后的菠菜碎片置于80~90℃的热水中烫漂，以灭酶、护色、杀菌杀虫，同时去除部分可影响人体钙吸收的草酸，烫漂后的菠菜沥干，均匀铺放在不锈钢料盘中，厚度为6~8cm。冷冻干燥工艺如下：料盘进入干燥室内后开启真空泵抽真空30min，使干燥室内真空度上升到0.097MPa。当菠菜温度下降到-12℃时，加热系统开始工作，将物料温度升高到-5℃，使物料中水分升华速率达到最大值，持续约2h后，控制系统调节送温，使物料温度维持在-5~3℃，升华速率稳定在0.8~1.0kg/min，维持1.5h后，再调节送温使物料温度维持在-2℃，关闭送温阀门，停机结束干燥，整个冷冻干燥过程大概耗时5h，产品最终含水量低于2%。干燥的菠菜各种营养成分保存较好，如维生素C的保留率为77.16%，胡萝卜素的保留率高达99.39%，而传统热风干燥维生素C的保留率仅为7.68%，胡萝卜素的保留率为27.73%。

（2）冻干大蒜的加工

冻干大蒜要求原料洁白、新鲜、成熟、无芽、有完整外衣、辛辣味足、大小均匀一致。大蒜的前处理主要包括清洗浸泡、去皮、清洗、切片、预冻，而后直接进入冷冻干燥。具体冷冻干燥工艺为：冷冻干燥机操作压力控制在13.3~40Pa，升华干燥温度控制在-20℃左右，干燥时间一般为5~6h，干燥结束后产品含水量低于3%。干燥后的大蒜色泽介于白色和乳白色之间，产品无黄变和焦变，具有大蒜特有的辛辣味，无发霉、腐败、发酵等异常气味。

（3）冻干草莓的加工

选用新鲜成熟、无腐烂、无斑点的草莓为原料，首先去除叶柄和叶子，用清水缓慢冲洗2遍后沥干，人工或机械切成4片，每片厚0.7cm。切好的草莓放在浓度为12%左右的蔗糖溶液中浸泡8min，而后捞出、装盘、预冻。真空干燥时首先将冷阱温度降低到-35℃，将草莓放入干燥箱后启动真空泵抽真空，当真空度达到80Pa时，通入50℃的热蒸汽进行加热，这时冻结好的草莓升华过程开始。草莓冷冻干燥时要保证稳定的工作真空度，并注意物料最高温度不得超过50℃，以免降低产品品质。草莓的冷冻干燥过程一般耗时5h左右，当物料中心温度接近表面温度时表明干燥完毕，可关机取出产品进行包装等后续操作。

（4）冻干香蕉的加工

采用新鲜成熟的香蕉为原料，首先将香蕉切片，厚度在5mm左右，单层铺放在物料盘中进行预冻结。预冻结后将香蕉片转移到干燥箱内，先给香蕉提供一定热量后再开启真空泵进行冷冻干燥，提供热量可以采用红外加热。冷冻干燥具体工艺参数为干燥箱压力13.3Pa，维持10min后红外辐射提供热量，温度为88℃，直至香蕉片水分含量低于2%。冷冻干燥得到的香蕉片复水性很好，将香蕉片置于水或牛奶中，80~90s后即可复原，复原后的香蕉片仍然具有新鲜香蕉的质地和口感。

（三）在肉制品与水产品中的应用

（1）牛排的冷冻干燥

牛肉具有脂肪含量低、蛋白质含量高的特点，营养价值极高。冻干牛肉片应用范围广，可用于旅游、方便食品、航海、军队食品等多个领域。牛肉冻干一般选用检疫合格的新鲜牛肉，首先剔除肌肉上残存的脂肪和结缔组织，清洗干净后预冻，而后用切片机切成4mm的薄片。切片时应沿着肌肉的肌纤维方向切，否则干燥时水分散逸慢，成品复水性差，耗时长，生产效率低。切片后的牛肉进行烫漂，烫漂水温不低于80℃，时间不短于2min。烫漂的作用是杀菌、同时牛肉片可失水收缩蛋白质变性，部分脂肪析出，提高后续干燥过程的效率。冷冻干燥前先将牛肉片冻结，将牛肉的中心温度降低到-20℃以下，而后开启真空泵，使干燥室压力保持在17Pa，水汽凝结器温度为-45℃。整个干燥过程耗时约5h，干燥后的产品复水性好，能够基本恢复到冻结前的质地和口感。

（2）牡蛎的冷冻干燥

牡蛎营养丰富、风味鲜美，但由于牡蛎含水量高保鲜期短，极易发生腐败变质，因此，牡蛎的消费方式目前主要还是当地产、当地销。冷冻干燥技术能够保留牡蛎的营养与新鲜美味，具体工艺包括：选用新鲜度良好的活体原料，清洗干净后进行剥壳处理，剥离的牡蛎肉放入结晶容器中，加入少量清水轻轻搅拌清洗，清洗时可在水中加入少量的盐。将洗净后的牡蛎放入50℃的热水中烫漂1min，沥干后预冻。预冻时冻藏间温度降低到-30℃，将装有牡蛎的料盘放入冻藏间后再将冻藏间温度降低到-40℃，将牡蛎完全冻结。冻结后的牡蛎移入干燥室内，开启真空泵，使干燥室内压力降低到30Pa，冷冻干燥开始。要注意冷冻干燥过程中干燥室内压力波动不能过大，温度不能高于物料的共熔点。由于牡蛎属于蛋白质类，因此整个干燥过程耗时比果蔬要长，约10h。牡蛎肉属于蛋白质，蛋白类物料中结合水含量高于果蔬类，因此，干燥后的牡蛎中结合水含量仍然能够达到5%，这就使牡蛎的冷冻干燥结束时要缓慢减少热量的提供，使温度低于物料的最高耐受温度，以免造成牡蛎肉的焦化。关闭加热系统后要保温1h，之后即可开箱出箱，然后包装上市。

第三章 食品干燥技术

第一节 流态化干燥技术

流态化技术起源于1921年，最早应用于干燥工业化大生产是1948年美国建立的多尔——奥列弗固体流化装置，而我国直到1958年后才开始发展此项技术。流化床干燥过程中散状物料被置于孔板上，下部输送气体，使物料颗粒呈悬浮状态，犹如液体沸腾一样，使物料颗粒与气体充分接触，进行快速的热传递与水分传递。流态化干燥由于具有传热效果良好、温度分布均匀、操作形式多样、物料停留时间可调、投资费用低廉和维修工作量较小等优点，得到了广泛的发展和应用。

一、流态化干燥原理

（一）流体经过固体颗粒床层流动时的三种状态

当流体自下而上通过固体颗粒床层时，因颗粒特性和流体速度的不同，存在以下三种状态。

（1）固定床阶段

流体以低速度向上流过颗粒床层时，流体只是通过静止固体颗粒间的间隙流动，这时的床层称为固定床，也称为静态床。为保持固定床状态，理论上，流体自下而上的最大空塔速 μ_{max} 为

$$M_{max}=\mu_t\varepsilon$$

式中，μ_t 为颗粒的沉降速度，ε 为固定床的空隙率。

（2）流化床阶段

流体流速逐步增大，乃至流体通过床层的压力降大致等于床层总重力（包括

固体颗粒床层及床层的空隙中的流体重力）时，固体颗粒刚好悬浮在向上流动的流体中，床层被认为开始流化，这时的床层称为临界流化床或初始流化床，这时的流速称为临界流化速度。继续增加流速，悬浮的固体颗粒床层继续膨胀，也可观察到一些固体微粒被流体夹带出来，但粒子在较大空间内得不到足以继续带动的牵引力而落入颗粒床，使床层仍有一个清晰的有起伏的上界面，如此跳上落下的现象，称为分批流态化。当床层膨胀到一定的程度，颗粒间的实际流速等于颗粒的沉降速度时，床层不再膨胀，颗粒则悬浮于流体中，这种床层称为流化床。也称为密相流化床，或因粒子跳动有如水的沸腾而称为沸腾床。

（3）气力（气流）输送阶段

流体流速增大到一定值时，流体对固体颗粒的流动摩擦阻力等于固体颗粒的净重力，即流体的空塔速度等于或大于固体颗粒的重力沉降速度，这时床层的界面消失，不能再有稳定的固体颗粒床层，固体颗粒必将获得上升速度，随流体夹带流出。这时的流体流速称为带出速度。这种现象称为稀相流化或连续流化，可用于固体颗粒的气力和液力输送。

（二）散式流态化和聚式流态化

上述为理想的流态化状况，然而实际中只有液—固系统的流化床较接近理想的状况，对气—固系统的流化床，则差别较大。

液—固系统中，当流体流速逐步增加到大于临界流化速度而小于带出速度时，床层平稳而逐渐膨胀，床层空隙率也逐渐增大，固体颗粒在床层中分散并且相互间没有显著干扰。这类流化称为散式流化，即颗粒流化。

气—固系统显然与之不同，当气体流速超过临界流化速度后，系统成为沸腾床，但表现出很大的不稳定性，床高并不增加很大，但床面有明显的起伏。此时，气体鼓泡通过床层，气泡在上升过程中膨大、合并，并夹带着固体颗粒（尤其在其尾端），最后在床面上破裂。床层中固体颗粒又产生激烈的运动，发生颗粒间的混合和搅拌作用。整个床层极不均匀。床层中实际存在2个非均一相：固体颗粒的乳化相和夹带固体微粒的气泡相。这类流化称为聚式流化。

在聚式流化中，大量的气体以鼓泡形式通过床层而与固体接触较少，而乳化相中的气体流速很低，与固体颗粒的接触时间长。这种不均匀的接触和气流的不均匀分布可能导致沟流和节涌现象。

有时气速虽已超过临界流速，但整个床层仍不能流化。某些部分被气流吹成一条沟道，气体由此穿过床层，这种现象称为沟流，另外一部分床层仍处于固定床状态，这种现象称为死床。产生沟流时，床层压降低于正常值即单位截面床层的重量。出现沟流时，大量气体短路，气体与固体的接触情况不良，不利于气—

固两相间的传质与化学反应。沟流现象的出现主要与颗粒性质、堆积情况、床层直径以及分布板结构等因素有关。颗粒粒度过细、密度大、易于黏结、堆积不匀、床径大以及气体初始分布不均匀等都容易引起沟流。

随着流化床内的气泡汇合长大，当其直径接近床层直径时，就把其上的颗粒物料像活塞那样向上推起，达到一定高度后崩裂，颗粒分散下落，这种现象称为节涌。出现节涌时，床层起伏波动很大，颗粒对器壁的磨损加剧，引起设备振动，甚至将床中内构件冲坏。此时，气体通过床层的压强降大幅度波动，时而高于正常值，时而低于正常值。

气体分布方式对流化的质量有重大的影响。气体集中送入容易引起沟流和节涌；气体分布均匀则有良好的流化质量，采用合宜的气体分布，附加挡板等内构件，沟流和节涌在生产规模的流化床中是可以避免的。

二、流态化干燥工艺

（一）流化床的工艺设计

（1）流化床的直径

流化床的高度与直径是流化床设备的主要尺寸。床层直径由操作空床气速μ确定，即介于起始流化速度和带出速度之间的某个设定值。常取为带出速度的0.4~0.8倍。

根据流化床目前在工业中的应用，不外乎气—固催化反应，固体物料的干燥、吸附、浸取等。在流化床气—固催化反应系统中，流体的体积流量即生产系统的气相流量；在流化床干燥器中为湿空气的消耗量；在流化吸附中，即为所处理的原料流体量在流化浸取中为浸取剂的用量。上述这些参数往往是已知或可预先通过计算确定的。

（2）流化床的高度

流化床的高度由两段高度决定，即由床层本身的高度指流化床上界面以下的区域，又称浓相区；分离高度指床层上界面以上的区域，又称稀相区。

1.浓相区高度

浓相区的高度与操作空床流速及床层的空隙率有关。当稀相区的颗粒量可忽略时，床层中重相颗粒质量守恒。

2.稀相区高度

稀相区即分离段高度。当流体通过流化床的速度较大时，有可能将部分细小颗粒带离浓相区，特别是对气—固流化床，颗粒往往会因腾涌现象通过气泡在上界面的破裂而带离浓相区。这些颗粒的沉降速度大部分大于流体速度，因此在上升一定高度后多数会返回到浓相区。距离浓相区越远，颗粒的含量越低。当距离床层表面一定高度后，流体中固相的浓度基本保持不变。将此最小高度称为分离区高度（Transport disengaging height，TDH），该区域则称为分离区或稀相区。

分离高度的影响因素较多，主要取决于颗粒和流体的性质，以及床层的结构与尺寸等。目前，尚无可靠的计算公式，常根据经验确定，多数场合下取为浓相区的高度。一般来说，颗粒的粒径越小、两相密度差越大、操作速度越大，则需要的分离高度越大。

为减少较细颗粒的带出，可在分离段以上再增加一定高度的扩大段，以降低流速、稳定压强，有利于细微颗粒的沉降。

（3）流化床的分布板

流化床的分布板亦称布气板，其在流化床中除起到支撑固体颗粒、防止漏料的功能外，还应保证气体得到均匀分布。设计良好的分布板，应对通过它的气流有足够大的阻力，从而保证气流均匀分布于整个床层截面上，也只有当分布板的阻力足够大时，才能克服聚式流化的不稳定性，抑制床层中出现沟流等不正常现象。据研究，设计合理的分布板压力降应大于或等于床层压力降，可取为单位截面上的床层重力的10%且绝对值不低于3.5kPa。

（4）流化床附件

流化床附件包括在不同高度安装的挡板或挡网，以及根据现场需要设置的垂直管束等。在床层中通过设置这些附件，能够抑制气泡长大并破碎大气泡，从而改善气体在床层中的停留时间分布、减少气体返混并强化两相间的接触。

当气速较低时，一般采用金属丝制成的挡网，常采用网眼为15mm×15mm和25mm×25mm两种规格。

当气速较大时，一般采用挡板。我国目前流化床中多采用百叶窗式的挡板，这种挡板大致分为单旋挡板和多旋挡板两种类型。单旋挡板是使气流只有一个旋转中心的挡板，根据气流旋转的方向的不同，又可分为内旋和外旋挡板，多旋挡板使气流产生多个旋转，使气固充分接触和混合，粒子径向分布趋于均匀，但其结构复杂，加工困难，限制了粒子的纵向混合，增大了床层的纵向温度。

（二）流化床干燥工艺

近年来振动流化床干燥技术在轻工、食品、化工、建材等领域得到广泛应用。这种干燥技术可使物料层除受干燥气流作用外，再附加振动作用使之于流化状态下进行干燥。

三、流态化干燥设备

目前流化床干燥器有以下分类方法。

（一）按操作方式

可分为间歇式和连续式流化床干燥器。

（二）按设备结构形式

可分为单层流化床、多层流化床、卧式多室流化床、振动流化床、离心流化床、喷气层流化床、惰性粒子流化床干燥器、脉冲流化床等。

下面按照设备结构形式的分类，介绍几种流化床干燥器。

（1）单层圆筒形流化床干燥器

单层圆筒形的装置可用于处理量大且比较粗糙物料的干燥，特别适用于表面水分的干燥。如果仅就处理量而言，它是所有干燥器中单位床层面积处理量最大的装置。对于这种处理量，最主要的问题是如何获得均匀的流态化床层。但是，如果在完全混合的流化床中，限制未干燥物料的带出量在0.1%范围内时，物料在流化床中平均停留时间应为单个颗粒干燥时间的250倍；而带出量为1%时，则需要25倍。因而，需要很高的流化床层，以致造成很大的压降。此外，在降速干燥时，从流化床排出的气体温度较高，被干燥物料带出的显热也较大，故干燥器的热效率很低。所以通常用于除去物料表面附着水分及干燥程度要求不太高的场合。

（2）多层流化床干燥器

为克服单层连续流化床干燥器存在的物料停留时间分布宽、干燥产品残余水分不均匀等问题，出现了多层流化床干燥器。多层流化床干燥器采用多层气体分布板，将被干燥物料划分为若干层，气—固逆流操作，增加了过程的推动力，使物料的停留时间分布和干燥程度都比较均匀，提高了传热传质效率。多层流化床干燥器的结构类似于气—液传质设备中的板式塔，其形式有很多种。按固体溢流方式可分为溢流管式和穿流板式两大类，国内目前均以溢流管式为多。

1.溢流管式多层流化床干燥

其操作过程为：物料由料斗送入，有规律地自上溢流而下；热空气则由底部进入，自下而上运动；而湿物料沸腾干燥，干燥后的物料，由出料管卸出。这种形式的干燥器，溢流管为主要部件，对其设计和操作最为关键。为了防止堵塞或气体穿孔造成下料不稳定，破坏沸腾床，所以，一般在溢流管下面装有调节装置，其结构有以下几种。

第一，菱形堵头。调节堵头上下位置，可以改变下料孔截面，从而控制下流量，但需要人工调节。

第二，铰链活门式。根据溢流量的多少，可自动开大或关小活门，但需要注意活门轧死而失灵。

第三，自封闭式溢流管。溢流管采用侧向溢流口，其空间位置设于空床气流速度较低的床壁处，再加上侧向溢流口的附加阻力。使气流倒窜的可能性大为减少。同时，溢流管采用不对称方锥管，既可以防止颗粒架桥，又可以因截面自下而上不断扩大使气流速度不断降低，减少喷料的可能性。若在溢流管侧壁上开一串侧风孔，由床底层内自动引入少量气体作为松动风，也可起到松动物料的作用。

2.穿流筛板式多层流化床干燥

溢流管式多层流化床干燥器的结构比较复杂，特别是溢流管的设计和操作不易掌握。为了简化结构，出现了穿流筛板式多层流化床干燥器。湿物料由上向下流动，气体则经过同一筛孔自下而上逆向流动，在每层筛板上形成流化床层，物料在干燥器底部排出，废气由顶部出去。一般情况下，气体的空塔气速与颗粒的带出速度之比约为1.15~1.30，但不超过2。颗粒粒径为0.5~5mm。筛板孔径比颗粒直径大5~30倍，通常为10~20mm。筛板开孔率为30%~45%。多孔板间距为150~400mm。干燥能力为每平方床层截面积可干燥1000~10000kg/h的物料。

总体来说，由于多层流化床干燥器存在结构复杂、床层阻力大、操作的可靠性和稳定性差等缺点，因此在工业上的应用较少。

（3）卧式多室流化床干燥器

为了克服多层流化床存在的结构复杂、床层阻力大、操作不易控制等不足，便出现了卧式多室流化床干燥器。

干燥室为一矩形箱式流化床，在长度方向用垂直挡板将器内分割成多室，一般4~8室；底部为多孔筛板，筛板的开孔率一般为4%~13%，孔径为1.5~2.0mm，筛板上方设有竖向的挡板，筛板与挡板下缘有一定的空隙，大小可由挡板的上下移动来调节，并用挡板分隔成小室，其下部均有一进气支管，支管上有调节气体流量的阀门。

其操作为湿物料由加料器加入干燥器的第一小室中，由小室下部的支管供给热风进行流化干燥，然后逐渐依次进入其他小室进行干燥，干燥后卸出。在干燥过程中，由于热空气分别进入各小室，所以在不同的小室中的热空气的流量可以控制，例如，在第一室，因物料的湿度大，可以通入量大的热空气，而在最后一室亦可通过冷空气进行冷却，便于出料后进行包装。热空气通过与湿物料热交换后，废气经干燥器的顶部排出，在经过旋风分离器或袋滤器分离后排出。

卧室多室流化床干燥器适用于干燥各种颗粒状、片状和热敏性食品物料，对于粉状物料则要先用造粒机造成4~14目散状物料。所处理的物料一般初始含水率为10%~30%，而干燥后的终含水率为0.02%~0.3%，干燥后颗粒直径会变小。

（4）振动流化床干燥器

为了改进传统定向导流装置的流化问题，采用了具有振动功能的分布板。振动流化床干燥器是一种新技术，它适于干燥不易流动的初料，如颗粒太粗或太细、易于黏结成团等，以及特殊要求的物料如要求保持晶形完整、晶体闪光度好等。振动流化床干燥器可适应尺寸范围大的物料，也适应吸附性强的物料、黏性物料和易碎物料。该机风速可以大大降低，避免过分的分选作用，而较大颗粒靠振动移动。同理，振动流化床也常用于大颗粒（直径≥1mm）干燥，此时气流速度保持略大于流化最低速度。

与普通流化床干燥器相比，由于增加了机械振动，使振动流化床干燥器具有以下特点：

第一，强化了干燥过程。振动使边界层湍动程度增加，因而使传递系数增大。振动也改善了床层结构，使相界面积增加。这些都有利于干燥，使过程得到强化。

第二，可以干燥颗粒粒度分布较宽的物料，停留时间比较均匀。

第三，可以干燥机械强度低的颗粒物料。

第四，可以干燥具有黏性或热塑性的物料。

第五，振动可以减少流态化的起始沟流问题，增加流态化操作的稳定性。

第六，操作气速和床层压降都较普通流化床低。

振动流化床干燥器在化工、医药、食品、冶金及盐业等部门得到广泛的应用，在中国已有数百套装置在运行中。这种干燥器通常也与喷雾干燥、气流干燥等组合，成为第二级干燥或冷却器。

（5）离心式流化床干燥器

离心式流化床干燥器是快速强化干燥设备之一，固体颗粒在多孔旋转鼓内承受离心力和向心力的平衡作用，由于多孔鼓的旋转，从而获得较高的气流速度。离心流化床转速可在一定范围内任意调节，因而可使离心加速度大于重力加速度几倍到几十倍，即流化速度可比普通流化床高出几倍或几十倍。相应地，加热的空气温度可降低许多，因此更适宜于热敏性物料的干燥。该机可容纳物料量较低（10%~20%）。

离心式流化床干燥器可在很多领域推广应用。目前，已对水果、蔬菜、米饭等食品的干燥取得较好的效果。对密度小、粒极细的物料，离心流化床尤为适合。

（6）喷气层流化床干燥器

此床的特点是采用了一连串空气喷嘴把热空气导向无孔带式输送机器的表面，或振动的硬板上。热空气由加压气室通过一连串喷嘴进入振动输送机的面上，因此在颗粒群的下面和四周形成了“空气床”。当散粒状物料经过干燥器时，空气射流也就缓慢地流化悬浮在“反射”空气床上的颗粒，空气流垂直地从输送机喷嘴周围升起并且携带物料进入旋风分离器，在这里悬浮于空气中的颗粒被分离。对整个空气流速的适当控制，使在干燥器任何区段均可建立起良好的流化状态，因此确保了全部颗粒都能均匀地“暴露”在干燥介质中。干燥器也可分隔成许多不同空气温度的区域以作为过程控制。

喷气层流化床干燥器的主要优点是：可均匀控制干燥过程、良好的清洁度、较少的运动部件、可快速更换产品。喷气层流化床干燥器能够处理一些颗粒尺寸、形状以及密度差异大的物料，这些物料包括纤维质食品和做成丸状的食品、小食品等。此干燥器的操作范围为：温度极限为400℃，输送机速度为0.3m/s，空气喷射速度为700m/s，空气通过颗粒床层的速度为2m/s，单机生产量为90~41000kg/h。

（7）惰性粒子流化床干燥器

溶液和悬浮液往往可以在惰性粒子流化床中进行干燥，特别是当物料为热敏性的，或必须被粉碎成细粉时。惰性材料不仅作为液体膜的载体，而且也作为传热介质。惰性粒子的大小可以是被干燥的分散性物料的20~40倍，这便于采用高气速，从而为提高干燥生产率创造条件。另外，惰性粒子在流化床中的强烈运动，促使液体供料的良好分散，因此可以使用粗的喷雾嘴。当悬浮液射流与空气流相遇时，部分湿分即被除去，而且未完全干的物料可在惰性粒子流化床中继续进行干燥。物料在流化床中边粉碎边进行干燥，然后由气体带出，并在旋风分离器中进行气固分离，以得到干物料。

周期性地改换气流位置的脉冲流化床干燥的工作原理是热空气流过气体脉冲器，而分布器周期性地阻断空气流并引导它流向强制送风室的各个区段，送风室是位于常规流化床支撑网的下面，在“活化”室内的空气流化了位于活化室上的床层段。当气体朝着下一个室时，床层流化段几乎变成停滞状态。实际上，由于气体的压缩性和床层的惯性，整个床层在活化区还能进行很好的流化。如与常规流化床干燥器相比，具有“易位”气流的脉冲流化床具有如下优点。

①异向性的大颗粒（例如直径为20~30mm、厚度为1.5~3.5mm的蔬菜薄片）也能较好流化；

②压降降低（7%~12%）；

③最小流化速度减小（8%~25%）；

④改善床层结构（无沟流，较好的颗粒混合）；

⑤浅床层操作；

⑥能量节省最高达50%。

PFB的主要操作参数：床高0.1~0.4m，压降300~1800Pa，气速0.3~1.8m/s与颗粒特性有关，气体脉冲频率4~16Hz。PFB干燥器曾成功地用来干燥谷物、种子、切片和切块的蔬菜，以及干燥结晶和粉状物料，如糖、葡萄糖酸钙等。

四、流态化干燥的应用

流态化干燥机广泛应用于物料干燥，其主要要求是物料在适当的气流速度下能够流化。对于非常小和非常轻的颗粒（小于2μm）、大而重的颗粒（大于4mm）以及从湿物料至干物料均呈黏性的颗粒而言，不适用此类干燥。流化床干燥机生产率范围广，对热敏性物料干燥较好，干燥后物料水分也较低，接近平衡水分；与其他干燥设备相比，也适合于易碎、易断的物料干燥。

（一）油菜籽的干燥

油菜籽是我国的一种重要的油料作物，它呈细小球形颗粒，含有大量的脂肪（40%）和大量蛋白质（27%）。其平均粒径为1.272~2.05mm，孔隙率小，容易吸湿，不易储藏，应将其含水率降至10%以下才能安全储藏。作为油料，油菜籽可经受高温烘干，其受热允许温度达60℃，且不影响其榨油品质。

我国常采用流化床干燥机干燥，所使用的干燥介质温度为160~180℃，子粒受热允许温度为60~70℃。当油菜籽含水率较高时，应多次通过干燥机进行干燥，烘后子粒应立即冷却，从而保证油菜籽的质量。

（二）果蔬的干燥

目前，大部分水果蔬菜都是用热风干燥方法脱水的。热空气干燥设备形式较多，如厢式干燥、隧道干燥、带式干燥和流化床干燥等都是通过热风作为干燥介质，将热量传递给干燥机中的物料，同时将物料中蒸发出来的水分带走。

果蔬干燥在热空气干燥中一般都要将原料切成片或粒状。在上述各种热风干燥机中，由于持料的方式不同，果蔬切片在其中的干燥时间差异极大。一般而言，在烘房中干燥经历的时间可达数天；在厢式、隧道式干燥机中干燥时间常为10~20h；在多层带式干燥机中物料可有数次跌落式翻动，果蔬片的干燥时间通常为2h左右；而在流化床干燥机中（振动流化床、离心式流化床、惰性粒子流化床等），干燥时间大约为0.5h。

果蔬切片在振动流化床中干燥时，由于切片在与热空气接触时总是处于跳动状态，这样不仅不存在切片打叠形成的死角，而且跳动的切片扰动了传热传质边界层，因而使传热传质速率加快。

特别需要指出的是，流态化干燥时由于干燥速率加快，对于一些内阻比较大的物料，由于在干燥至一定湿含量时，内部水分扩散极慢，使干燥速率大为减少。有时候甚至很难在原有的干燥参数下继续脱水，遇此情况，需要采用一个缓苏过程，即停止干燥，将物料取出晾在空气中，待一定的时间后，再将物料投入流化床干燥，则可使物料干燥到要求的终含水率。采用缓苏过程后，在达到相同的最终含水率（10%）的情况下，胡萝卜片在振动流化床中的干燥时间与未进行缓苏过程相比可缩短35min，且胡萝卜素的保存率可提高约25%。

在离心流化床内干燥胡萝卜、马铃薯和绿豆时，在进气速度为12m/s、温度为116℃时，不到6min的时间就可使物料的重量减轻50%。它与空气速度为4.55m/s，温度为71℃，载荷约为10kg/m^{2}的隧道干燥相比，前者的干燥速率为后者的3倍。

由此可见，采用流态化干燥技术干燥果蔬切片时具有降低能耗、提高产品质量的优点，但对于有些果蔬，若其组织非常软或其含糖和果胶较多而易粘连时则不宜采用流态化干燥法，如香蕉、番茄等。

（三）茶叶的干燥

茶叶的干燥可以在流化床式烘干机中实现。流化床式烘干机由床腔、风柜、进叶装置、出叶装置、吸风管路、风机、热风炉等部分组成。热风采用正压送风，通过风柜中的配风板进行风量分配和调整。在进茶处，采用星形轮阻风导茶，出茶处也设有星形卸料器。为防止茶粒通过吸风管路排出，在管路处设有扩散室，使粗茶粒因为突然减速而回落到流化室。为减轻粉尘对大气的污染，还需配置旋风式除尘器。

另外，还有一种移动床和振动流化床相结合的振动流化床式烘干机，其上层为锥板式移动床，下层为振动流化床，热空气由风柜穿过流化床孔板，使茶叶在振动抛跳过程中与热气流进行充分的湿热交换，达到干燥的目的。移动床利用余热对茶坯进行预干燥，为流化干燥创造了有利条件。这种烘干机所需的风压较低，而且余热利用较好，所以能耗较省。

流化床式烘干机适用于颗粒较为均匀的红碎茶的烘干作业，但推广应用并不多。

总之，流化床干燥机可用于许多食品材料的干燥作业，如表3-1所示。对各种食品材料干燥，流化床干燥机气流速度可达到15m/s，机内停留时间可达到30min。

表3-1　可用于流化床干燥的食品材料

儿童食品	脱水椰子	速溶咖啡	稻米
焙烤用酵母	鱼食	土豆泥	调味汁
酪蛋白	调味品	奶糖	种子
干酪	面粉	核桃	茶叶
柠檬酸	谷物	乳粉	维生素
乳制品	草药	蜜饯	

第二节　过热蒸汽干燥技术

过热蒸汽干燥是指用过热蒸汽直接与被干燥物料接触而去除水分的干燥方式，是近年来发展起来的一种干燥方法。与传统的热风干燥相比，这种干燥以水蒸气作为干燥介质，干燥机排出的废气全部是蒸汽，利用冷凝的方法可以回收蒸汽的潜热再加以利用，因而具有节能、环保等优点，在国外已广泛应用于各个行业，国内研究较少，尚处于实验室研究阶段。

一、过热蒸汽干燥原理

过热蒸汽的热传递特性优于相同温度下的空气，由于蒸发产生的水蒸气的扩散没有阻力，因此物料在恒速干燥阶段的干燥速度只取决于热传递速率。蒸汽和固体物料表面间的表面传热系数可通过界面热传递的标准相关性进行分析。

由于干燥机制大不相同，过热蒸汽干燥在降速干燥阶段的干燥速率往往也比空气高。采用过热蒸汽干燥，物料的温度较高，因而水分迁移率也较高。在蒸汽环境中，不会出现“硬皮”或“结皮”的现象，这样就消除了进一步干燥可能出现的障碍，产品也可具有多孔结构。

二、过热蒸汽干燥工艺

图3-1是用过热蒸汽干燥食品的典型工艺流程图。待干燥的食品物料从干燥器的上部加入，加入量由定量调节阀控制，干燥后物料由干燥器底部放出。过热蒸汽由干燥器的不同高度处引入，与待干燥物料直接充分接触，将热传给物料，使其中的水分汽化逸出。由于过热蒸汽释放出的一部分热量是显热，故从干燥器排出的蒸汽一般处于过热或接近于饱和的状态。排出的大部分蒸汽由循环风机抽送到再加热器（过热器）重新加热，提高其过热度而后送回干燥器。另外一部分（其量相当于物料干燥时蒸发出的水量）则通入冷凝器冷凝。过热蒸汽在整个干燥过程中循环重复使用，无需补充新的蒸汽。

三、过热蒸汽干燥设备

任何直接干燥机都能转换为过热蒸汽干燥机（例如：闪蒸机、流化床干燥机、喷雾干燥机、碰撞喷射干燥机、传送带干燥机等），以下是几种较为常见的过热蒸汽干燥设备。

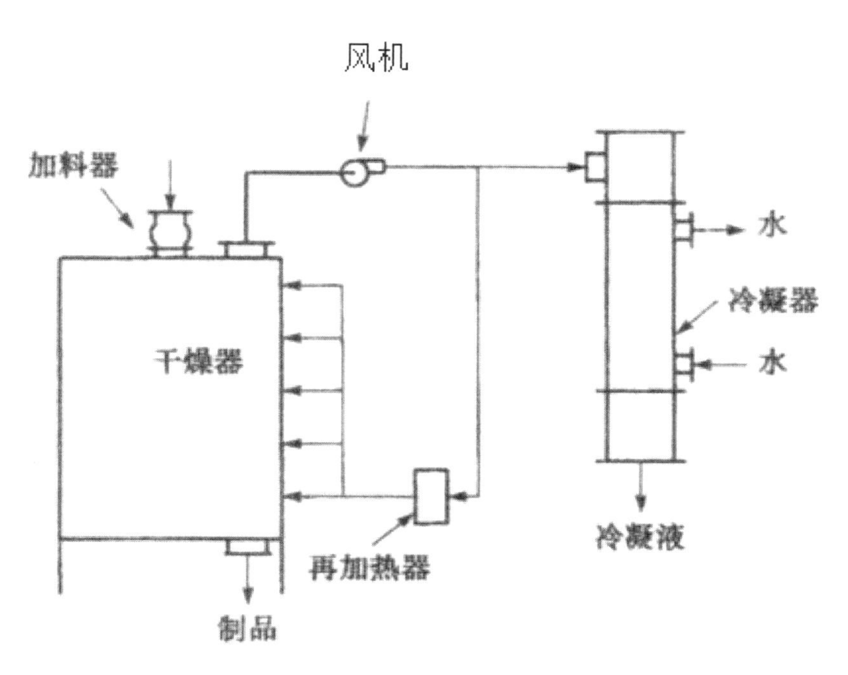

图 3-1 过热蒸汽干燥食品物料工艺流程图

（一）直接—间接过热蒸汽干燥系统

由美国THERMO电力公司开发了一种直接—间接过热蒸汽干燥系统。过热蒸汽利用风机沿蒸汽过热器和干燥机进行循环，在干燥室内，湿物料的水分被蒸发并被过热蒸汽带走。从干燥室排出的蒸汽，一部分需要排出机外，其量等于物料蒸发的水分量，这部分蒸汽可通过冷凝将其潜热回收。另一部分作为循环工作蒸汽。该系统采用天然气作为热源对蒸汽进行加热至过热，同时采用锅炉提供压力蒸汽。采用间接加热与直接加热相结合的工作方式，夹层里的蒸汽对物料进行预热，冷凝水补充到锅炉中。采用使蒸汽加压的办法改善传热性能，缩小设备的尺寸。从该工艺流程来看，这种设备系统对有锅炉的场合可方便操作，因此特别适合工厂使用。

（二）输送式过热蒸汽干燥系统

加拿大密执安大学Meunier等人采用过热蒸汽作为干燥介质，将其用于气流干燥。它有两个主要特点：一是干燥的能源由蒸汽等离子吹管供给，这种蒸汽吹管可提供温度较高的过热蒸汽；二是不需要锅炉作为外部设备，干燥机本身就是蒸汽发生器。此外，在产品干燥后续段也采用旋风分离器解决产品与蒸汽的分离问题，并使分离后的蒸汽循环利用。

干燥机在启动时需要喷水进去，达到稳定状态时有足够的蒸汽在机器内部循环。进行干燥作业，一部分蒸汽引出作为它用，大部分的蒸汽利用风机进行循环，少量蒸汽经过压缩以后供给蒸汽等离子吹管使用。这种干燥系统不需用蒸汽锅炉，对现有的干燥设备来说不需要太大的投资即可以将普通的热风干燥机改为过热蒸汽干燥机。

总之从以上介绍的过热蒸汽干燥工艺和设备来看，虽然在干燥中用的介质是过热蒸汽，但是蒸汽锅炉并不是这种干燥的必要条件，与一般的干燥技术相比容易掌握，相信这项技术的应用，定会给我们带来经济和社会效益。

四、过热蒸汽干燥技术的应用

用过热蒸汽干燥食品时，一个主要的问题就是物料的温度过高，要达到100℃，对于热敏性食品，容易产生热变性问题，解决的方法是采用低压过热蒸汽干燥（10000~200000Pa•s），降低其饱和温度，使物料中的水分在50~60℃时就能够蒸发，此时干燥设备应采用气密式结构。

对于食品干燥来说，过热蒸汽干燥的另外一个优点就是干燥介质中没有氧气，干燥时不会产生氧化反应，因而可以避免褐变或降解问题。此外，由于干燥过程中除了水蒸气没有其他气体，物料的结壳和收缩较少，这对食品加工是有利的。例如，用过热蒸汽干燥方便面，不但干燥速度快，而且可使面条成为一种多孔性物料，在热水中很容易变软，作为速溶食品很适宜。

（一）果蔬过热蒸汽干燥

采用过热蒸汽冲击流干燥马铃薯片的研究表明，蒸汽温度和流速对过热蒸汽干燥马铃薯片的干燥速度都有重要的影响。马铃薯片在较高的蒸汽温度和流速下干燥时收缩程度较低，但是比用低蒸汽温度和流速干燥的颜色要暗，维生素C的含量也较低。与用热空气干燥的马铃薯片相比，用蒸汽干燥的薯片收缩度大。在相同的干燥条件下，用蒸汽干燥的薯片要比用热空气干燥的轻、软一些。过热蒸汽干燥的马铃薯片维生素C的含量高于油炸的和热风干燥的，干燥速率也有所提高。

利用过热蒸汽干燥竹笋，干燥时逆转点温度为140~160℃。用120~160℃的温度烘干竹笋时，竹笋的颜色比热风干燥的要深一些。

（二）甜菜浆过热蒸汽干燥

用传统的高温干燥机干燥湿的、通过压榨榨出糖汁后的甜菜浆，需要3.24×10^4kJ/100kg的热能，占糖厂能量消耗的33%。德国的BMA AG研制出高压过热蒸汽干燥机用于甜菜浆的干燥，相比于传统的空气干燥接近5000kJ/kg的蒸发水分的能量消耗，该干燥机仅消耗2900kJ/kg蒸发水分。BMA干燥机是由铸钢制成的直径为6.5m、长度为37m的卧式压力容器。甜菜浆在螺旋传送机中预热至105℃以防冷凝，然后堆积在干燥筛网上。干燥网的总面积为240m^2，干燥能力为32t/h浆料。干燥后浆料的固形物含量从30%升高至90%，浆料层的厚度在40~120mm，其厚度决定着干燥机的生产能力。随着干燥物的移动，蒸汽在甜菜浆料层间循环流动使其干燥。干燥层厚度为120mm的浆料，要达到16~20t/h的蒸发效率，平均干燥时间需要720s。过热蒸汽干燥的浆料亮度高于空气干燥的料浆，但干燥机的成本高，需6~7年的时间收回成本。

丹麦成功开发了加压蒸汽流化床干燥机，该干燥机可用于颗粒、泥状或果肉状物料的干燥，其流化床操作压力为3×10^5Pa。流化床由过热蒸汽驱动，而过热蒸汽由鼓风机作用通过热交换器再循环。干燥机以2~40t/h的干燥能力蒸发水分。在丹麦最初于1982年进行了用于甜菜浆干燥的工业化规模的干燥机（直径6m）的小规模中试，1985年出现了相应的干燥机。

与传统的旋转干燥机相比，过热蒸汽干燥具有节约90%能量的可行性，产品的质量也优于蒸汽干燥的质量（如外观、质构等）。虽然现有运用过热蒸汽概念的干燥机在欧洲已普遍用于甜菜浆的干燥，小规模中试表明这种干燥机也能成功地干燥酒糟、鱼粉、果肉浆、苹果渣等。

（三）粮食谷物过热蒸汽干燥

用过热蒸汽干燥技术对玉米饼薄片进行预干燥，然后再煎炸。结果表明，对于干燥而言，蒸汽温度比流动速度（或热传递系数）的影响要大，这是因为大部分的干燥过程仅仅发生在流速下降时期。较高的蒸汽温度可使食品达到较低的平衡水分率。黏结特性测量结果显示饼片在较高蒸汽温度和流速下干燥，更易胶凝且饼片的再吸水能力更高。微观结构检测显示较高的蒸汽温度干燥得到较大的气孔和多孔渗水结构。

（四）动物类生鲜食品过热蒸汽干燥

利用过热蒸汽和热空气以120~160℃对猪肉和发酵鱼进行干燥，结果发现两者用过热蒸汽干燥的颜色都比用热空气干燥的颜色要暗，在收缩性方面，用过热蒸汽干燥的猪肉要比用热空气干燥的收缩的少，对于发酵鱼而言，干燥介质对其收缩性的影响很小。发酵鱼的“倒置”温度为160℃上下，而猪肉的则要高于160℃。

第三节 热泵干燥技术

什么是热泵干燥？水从高处流向低处，热由高温区传递到低温区，这是自然规律。如同采用水泵把水从低处提升到高处那样，采用热泵可以把热量从低温区“抽吸”到高温区。所以热泵实质上是一种热量提升装置，它的作用是从周围环境中吸取热量，并把它传递给被加热的对象，使热量得到充分利用。热泵的性能一般用能效系数（COP）来评价，能效系数定义为由低温物体传到高温物体的热量与所需的动力之比。通常热泵的能效系数为3~4，也就是说热泵能够将自身所耗能量的3~4倍的热能从低温物体传送到高温物体。由于获得的可利用热量远大于消耗的能量，所以它是一种节能的干燥装置。

在众多的干燥设备中，对流干燥器以其结构简单、操作方便、适应性强而得到普遍应用，是目前生产中使用最多的一种干燥设备。但这种对流干燥器热效率很低，一般只有30%~60%，主要是由于干燥过程的废气直接排空，不仅因废气带走余热造成浪费，而且也污染了环境。虽然采用部分废气循环可以回收一部分余热，但受到废气循环量的限制一般仅为20%~30%。用常规的换热器虽然可以回收废气中的部分显热，但废气中的60%~80%的热量是以潜热的形式存在的，仍然被排放掉。要回收其中的潜热就必须把废气冷却到露点温度以下，同时还要使回收的潜热具有适当的温度品位，再用于干燥过程，实现这一过程的装置就是热泵。

热泵与常规干燥设备（对流式干燥设备、传导式干燥设备等）一起组成的“热泵干燥装置”具有能耗低、干燥产品质量高等特点，在干燥行业得到广泛的应用。

一、热泵干燥原理

热泵是一种本身消耗一部分能量，从低温热源吸收热量，在较高温度下放出可以利用热量的装置。热泵干燥系统主要由两个子系统组成，即热泵系统（压缩机、蒸发器、冷凝器、节流装置等）和空气系统（干燥室、风机、电加热器等）组成。通过压缩机做功，热泵系统可使低品位热能提高为高品位热能，同时调控干燥空气的湿度，这是热泵应用于干燥领域最主要的原因。

二、热泵干燥设备

（一）热泵干燥装置的分类

一般情况下，热泵可用于大多数的干燥过程，即组成热泵干燥装置。由于干燥器类型的多样性，决定了热泵干燥装置的多类性。因此，对常见的热泵装置可进行如下的分类。

（1）按干燥器类型分类

目前对干燥器还没有统一的分类法，但可采用传统的方法对热泵干燥装置进行分类，如：

1.按干燥器的操作方式可分为间歇式和连续式热泵干燥装置。

2.按干燥器的传热方式可分为传导式和对流式热泵干燥装置，目前应用的热泵干燥装置大多为对流式。

（2）按热泵工质与物料的接触方式分类

1.直接式。热泵工质与被干燥物料直接接触，即热泵的工质又是干燥介质。这样的工质有水蒸气、空气等。

2.间接式。热泵系统将干燥介质加热，使干燥介质与被干燥物料接触，这种热泵干燥装置目前应用较多。

（3）按干燥介质的循环情况分类

分为开路式、闭路式和半开路式三种，这三种情况将在热泵干燥系统的结构分析中详细讨论。

（二）热泵干燥系统的结构分析

热泵干燥系统的循环分为内循环（即制冷工质的循环）和外循环（即干燥介质的循环）两大部分，两大部分之间的热量和质量的交换相互影响。任何部分的变化都将影响其他部分的变化，热泵干燥是一个比较复杂的系统。热泵干燥系统的结构对整个系统运行的性能及能耗都有很大的影响，对系统进行优化组合是有必要的。热泵干燥系统的循环按干燥介质（即空气）的循环情况可分为闭路式、开路式和半开路式（部分废气循环）三种。

（1）闭路式热泵干燥循环装置

闭路式热泵干燥系统的流程如图3-2所示。这两种流程的主要差别是在于图3-2（b）中，有部分废气没有经过热泵蒸发器进行降温除湿，而是直接进入热泵冷凝器，这与部分废气循环式的流程相似。这部分没有经过蒸发器的空气与全部循环空气的比值称为旁路空气的比率（BAR），它对热泵干燥系统的性能有较大的影响。在干燥机组中，除湿率决定于干燥空气的温度和相对湿度，离开干燥室的空气状态影响蒸发器的热回收能力。在干燥初期，产品湿度很高，所以进入蒸发器的空气湿度大且温度低，蒸发器在回收部分显热的同时又起到明显的除湿作用。同时，在这个阶段空气以相对低的温度进入冷凝器，因而在冷凝器中提高了热交换效率和增加了系统COP值。在初期干燥阶段，干燥和热泵均被有效利用，所以封闭循环是有利的。对一套匹配恰当的热泵系统，封闭循环的热泵干燥机组能达到较好的结果。对热泵干燥系统研究表明，以干燥时间和能耗为主要评价标准且综合考虑了其他因素的影响，封闭循环的热泵干燥机组较好。对比分析闭路式和半开路式两种空气循环方式对干燥机组的能耗和换热效果的影响，证实了空气封闭循环的热泵干燥机组较好。

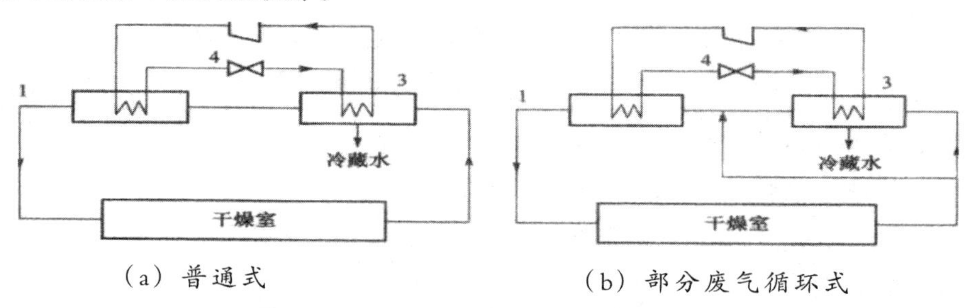

（a）普通式　　　　　　（b）部分废气循环式

图 3-2　闭路式热泵干燥循环流程图

1—冷凝器；2—压缩机；3—蒸发器；4—膨胀阀

一套热泵封闭干燥系统因其冷凝热大于蒸发器从排气中吸收的热，致使干燥室的温度不断上升，但当干燥温度达到设计要求时这部分就变成多余的热量。为了使干燥室的温度保持稳定，通常采用辅助冷凝器和热交换器。采用辅助冷凝器或热交换器的封闭循环热泵干燥机组和开式循环的热泵干燥机组的能耗对比如表3-2所示。封闭循环热泵干燥机组必须解决余热问题，研究者对封闭循环中的热交换器进行了进一步的研究。当封闭循环热泵干燥机组中的热交换器设计成从干燥室出来的空气与蒸发器出来的要进入冷凝器中加热的空气进行热交换时，热泵干燥机组除湿能力提高，干燥的程度增强。另外，进入干燥室的温度也增加了，提高了干燥的速率。在对空气闭式热泵干燥装置和加装空气回热器闭式热泵干燥装置进行对比实验表明，在特定条件下后者比前者除湿能耗比降低20%。封闭循环的热泵干燥机组可以不受外界气候条件的影响，一年四季稳定地运行，但干燥器的热效率对于干燥空气的泄露非常敏感，所以必须保证其较好的密封性，才能达到满意的效果。

表 3-2　不同循环类型的热泵干燥装置的能耗

系统的结构形式	开路式循环带辅助	冷凝器的闭路式	换热器的闭路式
总能耗/（kw/h）	4.53	2.37	1.525
以开路式为基准的节能对比/%	0	47	66

（2）开路式热泵干燥循环装置

开路式热泵干燥循环装置中干燥介质离开干燥室进入热泵的蒸发器与热泵工质换热后直接排空，外界环境空气在冷凝器内被加热后进入干燥室。开路式热泵干燥系统的特点就是利用热泵回收废气的余热，以便加热环境空气，但应用中受到环境影响较大。闭路式循环热泵干燥机组在干燥的温度达到预定值后，要向外界环境排放掉部分热量，甚至在干燥的最后阶段也许要排放掉全部冷凝热，而这时热泵只是在除湿。在相同的运行条件下，达到同样的湿度开路式循环比封闭循环时间短。蒸发器旁路空气的设置，不同的研究者有不同的观点。有些研究者认为旁路空气不能提高热泵的除湿效率，但后来研究者对热泵辅助连续干燥器进行参数分析和系数对比时发现，设置旁路空气能够提高系统性能20%，这种提高随着整个系统空气质量流量的增加而增加。对一个开路式空气循环热泵干燥器没有最佳的旁路空气率，如果排放到空气中的热空气比率减少10%，SMER将提高15%，产品输出量增加50%。封闭循环的热泵干燥器无论是否有蒸发器旁路空气，在高干燥速率阶段都不是最佳的，开路式循环此时具有高的SMRE和MER（单位时间除湿量）值，因而是一种较好的结构。

经济性分析表明：开路式循环热泵干燥系统适合干燥高湿度的物料或者批量干燥的初期阶段。为了更好地了解热泵干燥机组结构，研究者对其进行了模拟计算，结果表明采用蒸发器回收排放的空气中水分的部分潜热比将干燥后的废气直接排空的开路式循环效率高。热泵在高温干燥中的主要作用是回收热量而在空气排空新鲜空气低温干燥中主要是除湿。开路式循环热泵干燥系统可以作为除湿器或回热器，应当根据不同用途选择不同布置的热泵干燥开路式循环系统类型。

（3）半开路式循环热泵干燥装置

半开路式循环热泵干燥装置中由干燥室排出的空气一部分进入热泵蒸发器回收部分热量后排空，另一部分与新鲜空气混合后一起进入热泵冷凝器并被加热进入干燥室循环使用。废气的循环位置一般在热泵的冷凝器入口，这样既可利用了这部分废气的余热，又可提高热泵的COP值。

对闭路式循环的热泵干燥系统，系统的余热问题必须进行平衡。而对开路式循环热泵干燥系统无论是除湿还是回收热量都只是利用系统中蒸发器的功能，为了更好地解决这些问题，研究人员提出了半开路式循环的热泵干燥系统。半开路式热泵干燥系统大多在系统中设置了蒸发器旁路，旁路空气的比率（BAR）对热泵干燥系统的性能有较大的影响。研究者认为采用旁路空气的半开路式热泵干燥系统有一个最佳的旁路空气比率（BAR），进一步的研究表明这种热泵干燥系统的旁路空气比率是60%~70%。当环境温度较高时，半开路式循环在干燥的最后阶段表现出了较好的性能。半开路式循环热泵干燥系统总的空气流量与旁路空气率以及废气排放率对机组性能有很大的影响。

（4）回热循环的热泵干燥装置

在热泵干燥过程中，干燥介质（空气）在蒸发器被降温除湿而在冷凝器被加热升温。降低进入蒸发器时空气的温度和增加其相对湿度有利于蒸发器回收更多的热能，同样提高进入冷凝器时空气的温度，对提高热泵干燥系统的效率是非常有利的。如果循环空气流经蒸发器降温后直接流过冷凝器进行加热，那么在此过程中从蒸发器出来的冷量就没有充分利用起来。若增加一个回热器，将从干燥室出来的湿热空气与从蒸发器出来的低温空气进行热交换，使进入蒸发器的空气温度下降，进入冷凝器的空气温度上升，这样的循环过程称为回热循环。

东南大学研究人员的研究指出，闭式热泵干燥系统采用空气回热循环有利于节能，在某些工况下，单位能耗比可下降20%；空气回热器两侧都是气体，换热系数小，采用热管换热方法可行且效果明显；热管回热器对热泵干燥系统的性能改善程度随工况的变化有所不同，空气流经蒸发器温降减少，回热效果相应减弱；增加空气的循环风量，系统的功耗增大。

因此，热泵干燥装置是否需要增加空气回热器应根据具体情况而定。对中小型热泵干燥装置而言，增加回热器应考虑下面几个因素：常用的热泵制冷循环，空气流经蒸发器前后的温降在12℃左右，温降幅度不大，回热效果不明显；空气回热器两侧都是气体，换热系数小，采用普通的空气，空气换热器效果不显著；增加空气回热器同时也增加了空气流动的阻力，增加了系统的功耗；增加空气回热器同时也增加了设备的投资。

三、热泵干燥技术的应用

（一）热泵干燥应用于食品工业的发展趋势

1943年，Sulzer公司在德国建成的地下室除湿装置中采用热泵技术。美国1950年取得热泵干燥的专利权。法国在1970~1977年安装近千台热泵木材干燥装置，到1980年大约3000家木材干燥厂采用热泵干燥技术。日本从20世纪60年代开始研究热泵干燥技术，到1987年已有各种热泵干燥装置3000套左右，现有12%的干燥装置采用热泵干燥技术。加拿大安大略省45%的木材干燥采用热泵干燥技术，节能达60%。我国热泵干燥技术的研究和应用是在20世纪80年代开始起步的，在食品加工、木材干燥、茶叶烘干、鱼类干燥等方面进行了应用研究。

为了提高热泵除湿干燥的效率和改善干燥产品质量，有关人员已经研发了热泵流化床组合干燥机，这种形式的组合干燥特别适合具有生物活性的物料。热泵除湿干燥技术的另一个重要用途就是改变干燥介质的成分，应用于敏感性物料（包括食品）的干燥。物料中易氧化的物质（如香味化合物和脂肪酸）在干燥过程中发生了氧化反应，使其风味、颜色及复水性都变差。通过应用惰性气替代空气作为干燥介质，得到的干燥产品在干燥过程中就不会发生氧化反应，产品质量也进一步得到提高。集干燥、气调与储藏于一体的多功能热泵系统，采用合理的设备配置，在同一系统中完成干燥、气调与储藏等多个加工过程，而不仅仅是干燥。

在过去的20年里，热泵干燥技术日益成熟，其优异的节能效果已被各种实验研究及实践应用所证实，其一次性投资和运行费用的降低使热泵干燥更具发展潜力。目前，尽管热泵干燥在食品工业的应用还十分有限，但热泵除湿应用于食品的干燥具有节约能源、产品质量高、不受天气条件影响等明显优势，因此把热泵干燥推广应用到食品工业中有着广阔的前景。

（二）热泵干燥应用实例

（1）茶叶的干燥

采用水热泵烘干茶叶，大约可节约32%的能源。同时可以控制最佳的温度状态，提高产品质量，防止茶叶过度干燥。采用热泵干燥技术，茶叶中可溶性鞣酸的损失可减少11%~13%。

（2）种子的干燥

热泵干燥技术的低温干燥特性比较适合于种子的干燥，能够保证种子的干燥品质。提高干燥温度，减少干燥空气相对湿度，降低初含水率，可缩短干燥时间。在干燥空气流速较低的情况下，干燥空气流速对干燥速率影响很小。种子的发芽率和健芽率受干燥温度影响最大。在条件允许的情况下，热泵干燥可采用双干燥室和较低温度进行间歇干燥，从而提高种子的干燥质量。

热泵种子干燥系统主要由三股物质流组成：干燥室内自下而上的谷物种子流，热泵系统中流过蒸发器、压缩机、冷凝器和膨胀阀等内部的制冷工质流，横穿过干燥室以及热泵蒸发器和冷凝器外表而形成闭式循环的空气流。这股空气流将待干燥的谷物种子流与热泵制冷工质流相互联系起来，成为它们的中间媒介，传递着热量和水分。

（3）果蔬水产品干燥

自20世纪90年代以来，我国科技工作者在果蔬的热泵干燥领域做了许多研究工作。李志远用热泵加工脱水蔬菜，以白菜和胡萝卜为干燥物料，所得产品色泽鲜好，叶绿素、胡萝卜素、维生素C损失小，维生素保存率比热风干燥提高将近一倍。吴雪对比热泵与热风干燥西红柿果脯效果，由于干燥温度在45℃以下，因此减少了酶促褐变的发生。李云林利用RG-110型热泵干燥香菇，日加工量为600kg，可得含水率为13%以下的干香菇92kg，是常规食用菌供干机平均能耗费用的57%，节能效果显著，且优质率提高60%，干燥后的香菇外形收缩均匀，不变形，菇盖颜色为深褐色，气味清香纯正。生鲜的鱼贝类含水率一般为75%~80%，为了实现水产品的长期储藏，方便运输，必须对水产品实行干燥，由于水产品是热敏性物质，干燥温度过高、干燥过程过长都会造成品质下降。李浙将鱼片在20~25℃下进行干燥，其制品的质量比用传统的隧道式蒸汽烘房干燥的鱼片具有色白、透明、营养成分损失少等优点。陈忠忍等将热泵用于海产品的干燥，能保证产品的色泽和风味，并节能50%。

第四节 太阳能干燥技术

能源是人类赖以生存的五大要素之一，是国民经济和社会发展的重要战略物资。现今世界能源结构中所利用的能源主要仍是煤炭、石油、天然气，这些常规能源的大量开发和使用，造成了严重的大气污染和生态环境的破坏。从环境保护和全球可持续发展的战略出发，新能源和可再生能源的开发和利用已经成为一个全球性的重大课题。太阳能是一种免费的、对环境无害的、可再生的能源。人类很早就开始有意识、有目的地利用阳光晾晒和保存食品。传统的户外日光干燥法直到今天还在世界范围内广泛应用，主要用于干燥蔬菜、水果、肉、鱼、粮食等。但是阳光下自然风干食品有很大的局限性，一是必须有一个大面积的晾晒场地；二是难以避免干燥过程中来自空气、昆虫、鸟类所带寄生虫的各种污染；三是干燥的条件难以控制，易受天气变化的影响，且干燥周期较长。

现代太阳能干燥具有干燥周期短，干燥效率高，干燥产品品质好等优点。充分利用太阳能资源，发展现代太阳能干燥技术，对我国实现可持续发展战略、发展农村经济、节约能源、避免环境污染、提高产品质量、改变落后的生产加工方式和农民致富都将起到积极作用。

一、太阳能干燥原理

太阳能干燥是以太阳能代替常规能源加热干燥介质（最常用的是空气）的干燥过程，通过热空气与湿物料接触并把热量传递给湿物料，使其水分汽化并被带走，从而实现物料的干燥。

太阳能干燥与自然干燥（晒干）的不同之处在于，后者被干燥物料的温度升高仅仅靠直接吸收太阳辐射，同时物料周围的温度仍然是环境温度。

太阳能干燥是以太阳能为能源，被干燥的湿物料在温室内直接吸收太阳能，或通过与太阳集热器加热的空气进行对流换热而获得热能。物料表面获得热量后，将热量传入物料内部，物料中所含的水分从物料内部以液态或气态形式逐渐到达物料表面，然后通过物料表面的气态界面层扩散到空气中。干燥过程中湿物料所含水分逐步减少，最终达到预定终态含水率，变成干物料。因此，干燥过程实际上是一个传热、传质过程，包含以下几方面。

第一，太阳能直接或间接加热物料表面，热量由物料表面传至内部。

第二，物料表面的水分首先蒸发，并由流经表面的空气带走。此过程的速率主要取决于空气温度、相对湿度和空气流速及物料与空气的接触面积等外部条件。此过程称外部条件控制过程。

第三，物料内部水分获得足够能量后，在含水梯度（浓度梯度）或蒸汽压力梯度的作用下，由内部迁移至物料表面。此过程的速率主要取决于物料性质、温度和含水率等内部条件。此过程称内部条件控制过程。

物料的干燥速率取决于物料内部水分传递的内部条件控制过程，以及物料表面水分向外界传递的外部条件控制过程，即取决于两个过程中速率较慢的一个。一般来说非吸湿性的疏松性物料，两种速率大致相等。而吸湿性的多孔物料，如谷物的干燥速率，前期取决于表面水分汽化速率，后期由于物料内部水分扩散传递速率滞后于表面水分汽化，干燥速率下降。

太阳能干燥是热空气与湿物料间的对流换热，热量由物料表面传至内部，物料的温度外高内低。物料内的水分由内向外迁移，致使含水率内高外低。由于温差和湿度差对水分的推动方向正好相反，结果是温差削弱了内部水分扩散的推动力。当物料内部温差不大时，温差的影响可以忽略不计。另外在干燥工艺上可以采取一些措施，以减少这种影响。物料干燥过程中，水分不断由物料转移至空气中，空气的相对湿度逐渐增大，因此需要及时排除部分湿空气，同时从外界注入新鲜空气，降低干燥室内空气的湿度，干燥过程才能连续进行。

二、太阳能干燥工艺

（一）太阳能干燥一般操作工艺

太阳能干燥一般操作工艺流程如下：原料采收→前处理→铺装（装盘）→升温蒸发→通风排湿→后处理→检查→成品。

(1) 原料采收。应选择在农产品完熟期进行采摘。

(2) 前处理。按等级或大小进行分选，并且剔出有虫害、霉变的物料，并去除物料中的杂物、尘土等。

(3) 铺装（装盘)。装载量以物料摆满干燥室架子（或料盘）为宜，每台装置分层摆放。

(4) 升温蒸发。白天随太阳方位变化适度调整集热器摆放角度；集热器的进风口在太阳升起时打开，在太阳落山前及下雨期间关闭；干燥期间需保持集热器的采光面、干燥器外罩的清洁，雨后需及时清除干燥器顶部的积水。

(5) 通风排湿。在干燥过程中的前几日需全天开启风扇排湿，或开门排湿；之后只需在白天间歇排湿。

(6) 后处理及包装。检查和挑选出不合要求的物料，剔除杂质。包装得到成品或针对具体物料的特点，进行进一步的深加工。

以辣椒的太阳能干燥加工为例进行说明。利用太阳能干燥技术进行辣椒的干燥，是对传统辣椒干制产品的升级换代。为此，必须选用优质辣椒原料，严格规范每一道工序的操作。太阳能干燥只是作为优质辣椒干燥生产中一道重要工序，因此需要采用必要的后处理措施以获得更为优质的产品。鲜辣椒的太阳能干燥采用集热器型干燥装置。

（二）太阳能干燥加工辣椒的工艺

太阳能干燥加工辣椒的工艺流程如下：采收→选果→分级→装盘→装炉→升温蒸发→通风排湿→倒换烘盘位置→机械脱水→回软→成品。

（1）采收。应采收完全红熟的果实，严防破损。

（2）选果、分级、装盘。装盘装炉之前，应进行挑选分级，保证辣椒完好，剔除烂果、病果、叶片杂物等。辣椒装盘应依据品种、含水量等因素，每平方米烘盘装鲜椒7.5~8kg。

（3）装炉。干燥室内椒盘装置要整齐，稀密要合理，掌握上部稀下部密，同层均匀的原则，并要求同品种、同部位、同栽培管理的鲜辣椒装在同一炉内。

（4）升温蒸发。关闭所有阀门，将干燥室温度升至85~90℃时，再将辣椒送入干燥室。辣椒迅速吸热约30min后，让室温下降20~25℃，保持在60~65℃，持续8~10h。

（5）通风排湿。辣椒干制8~10h后，当干制房内空气相对湿度大于70%时，应立即打开所有阀门和窗口通风排湿。当湿度降低以后，停止通风，继续升温，然后再通风。每次通风时间为5~15min，使辣椒水分含量逐渐降低。

（6）倒换烘盘位置。由于干燥室不同位置温度高低分布的部位有差异，为了使不同位置的辣椒干燥程度一致，对干制较慢位置的料盘与干制较快位置的料盘互换移位。

（7）机械脱水（又称发汗）。当辣椒干燥程度达到能弯曲而又不折断时（干燥室温度60~70℃），将料盘取出，把辣椒堆成50kg左右的堆，压紧压实，盖上草帘或塑料薄膜，再压上重石块。当椒堆温度降到45~50℃时停止发汗。将辣椒装入盘中，送入干燥房继续干燥。发汗时间约12h左右，第二次送入干燥室的辣椒继续干制时，需维持温度55~60℃，时间10~12h，干制过程仍需勤通风排湿和倒盘，防止烤焦。

（8）回软（匀湿或水分平衡）。为使辣椒干不碎不断，干燥程度一致，因此干制结束后应将椒干堆积2~4d，压紧压严，以免过分失水干燥。干制好的成品椒干，含水量以14.5%为宜，表皮皱缩，色泽鲜红。

三、太阳能干燥设施

（一）太阳能干燥设施的分类

太阳能干燥设施一般由集热器和干燥室组成，还有风机、泵、辅助加热设备等辅助设备。按阳光是否直接照射在物料上，太阳能干燥装置分为两大类，即温室型太阳能干燥装置和集热器型太阳能干燥装置。实际应用中还有两者结合的半温室型（或整体式）太阳能干燥装置，以及集热器与常规能源、集热器与储热装置、集热器与热泵等各种组合式太阳能干燥装置。下面分别介绍这几种类型干燥装置的结构、特性、用途和干燥效果。

（1）温室型太阳能干燥设施

这种装置就像是带有排湿口的温室，这种干燥室的东、西、南面及倾斜的屋顶均是采用玻璃或其他透光材料。通过透明盖板——玻璃的温室效应捕捉太阳能，一般将墙体或吸热板表面涂上黑色涂料以提高对太阳能的吸收率。墙体采用保温材料，以减少热能损失。

温室型太阳能干燥设施一般采用自然通风，也可装风机强制通风，以加快物料的干燥速度。此外在自然通风的情况下，若在干燥室顶部加一段烟囱，可以增强通风能力，且烟囱越高通风能力越强。其转换效率取决于物料表面及干燥室材料的吸收特性，热利用率相对较高。

温室内还会安放物料架，用以堆放物料。待干燥物料置于物料架上直接接受太阳辐射的同时，温室内空气也被加热升温，加速了物料内部水分的汽化和蒸发。待干燥物料依靠太阳的热辐射，完成体内水分汽化，并靠太阳热辐射引起的定向空气流带走汽化的水分，完成干燥过程。

温室型干燥装置的优点是：造价低，建造容易，操作简单，干燥成本低，因而在国内外有较广泛的应用。缺点是：保温性能不好，干燥速度慢，干燥室容量小，占地面积比同容量的常规干燥室大。因此，温室型太阳能干燥装置适用于对干燥速率和最终含水率要求不高并且允许接受阳光暴晒的物料。

（2）集热器型太阳能干燥设施

集热器型太阳能干燥器系统由空气集热器和干燥室组成，外界空气通过空气集热器加热，然后通过风机将热空气送进干燥室，强迫空气对流，不但解决自然对流干燥系统的风量问题，还加速了传热传质过程，提高了干燥效率。由于集热器与干燥室分开，可以避免阳光直接晒到物料，因此该种干燥器还适用于某些对外观有特殊要求的原料。这种干燥器容易与常规能源相结合，也可以添加废气回流设施，实现连续干燥。但是干燥成本较温室型干燥器高，热利用效率约为20%。

（3）集热器——温室型太阳能干燥设施

这种由太阳能空气集热器和温室干燥设施组合而成的干燥系统，由于干燥室体积大，所以采用强迫对流的流动方式。物料一方面直接吸收透过玻璃盖层的太阳辐射；另一方面又受到来自空气集热器的热风冲刷，以辐射和对流换热方式加热物料，适用于干燥含水率较高、要求干燥温度较高的物料。这种类型的干燥装置适用于全年气温较高的南方和北方地区下半年使用。但是为了保证满足工业化昼夜连续生产的要求，这种类型也需要与常规能源联合供热。

（4）组合式干燥型太阳能干燥设施

太阳能是间断的多变能源，为了解决供热波动性的问题，一般采用太阳能与常规能源或其他供热方式结合。目前，应用较普遍的常规能源为燃煤或电能。晴天利用太阳能干燥，夜间或阴雨天气可利用锅炉或电加热器辅助供能。另外也可以采用各种不同的储热措施，如卵石蓄热装置，来减少干燥室供热波动性的问题。

与干空气进入干燥机时一样，湿空气在离开干燥室的时候带有几乎一样的热含量。相当一部分用来干燥的能量是可以通过冷却空气和冷凝水蒸气作为潜热来回收。可以通过太阳能与热泵联合干燥装置来完成。热泵依靠蒸发器内的制冷工质在低温下吸取热能，经压缩机在冷凝器处于高温下放出热量。组合式干燥是符合国际干燥技术的创新发展趋势的干燥方式。因为每一种干燥方法都有各自的优点和适用范围，组合式干燥正是取其优点而避其缺点。太阳能热泵系统也在性能上弥补了传统的太阳能系统和热泵系统各自的缺点，使整个系统有较大的提高，而系统性能的提高使运行费用减少，从而降低了系统总投资。

（二）太阳能空气集热器

太阳能空气集热器是太阳能干燥设备的主要部件，它的作用是吸收太阳辐射把空气加热到所需的温度，然后通入干燥室或干燥温室中进行干燥作业。其一般是由吸热板、盖板、保温层和外壳构成。太阳辐射能转换为热能主要在吸热板上进行，吸热板由对太阳辐射高吸收率的材料制成或覆盖高吸收性能的材料。吸热板首先吸收太阳辐射，将辐射能转化为自身的热能，自身温度升高。当室外空气流经吸热板时，通过对流交换热，使冷空气加热。仅有很少一部分吸热板上的能量通过辐射换热的方式进入空气中。

目前在太阳能干燥作业中一般采用平板型空气集热器，根据集热器内部结构和流道布置的不同，可分为以下多种类型。

（1）平板型集热器

这是最简单的集热器，其顶部有一或两层透明盖板，底部为隔热层，两者之间即为吸热板。空气可在吸热板上下表面流动，使换热较为充分。

（2）带肋的平板集热器

为强化空气与吸热板之间的换热，吸热板也可带肋片。肋片结构不仅增大了空气流与吸热板的接触面积，也加强了空气流的扰动，从而强化了空气与吸热板之间的换热。

（3）波纹状吸热平板集热器

吸热板为波纹状，有助于提高其对太阳辐射的吸收率。因为射入V形槽的太阳辐射要经过多次反射后才能离开V形槽，而辐射则是半球形的。此外，吸热板与底板组成的空气流道呈倒V形，可增加空气的扰动，使空气流与吸热板之间的换热系数增大。

（4）网板型集热器

网板型集热器是在普通吸热板上加上一层金属网，可增加气流的扰动，增强换热。

太阳能空气集热器在使用过程中要注意倾角与朝向。集热器放置的倾角（包括温室型南面的倾角）与所处的纬度有关，冬季最大日射量收集角为纬度加10°，夏季为纬度减10°。一般情况下集热器倾角可取当地的纬度。如北京地区（北纬40°）可取集热器安装角为45°，以适当照顾冬季太阳能的收集。

四、太阳能干燥技术的应用

（一）国内外应用情况

（1）国外太阳能干燥的利用状况

目前利用太阳能干燥技术的研究和推广应用工作，已在世界上许多国家展开，主要有美国、英国、法国、德国、加拿大、澳大利亚、新西兰和日本等。但就推广应用而言，大部分在热带和亚热带国家，如南非、乌干达、菲律宾、泰国、印度、孟加拉国等。泰国早在20世纪80年代就应用一种利用太阳能供干谷物的干燥器，在非收获季节还用来干燥胡椒、辣椒、咖啡豆、小虾等，全年都可使用。甚至在马来西亚这样的高温多雨地区也在推广使用简易廉价的太阳能干燥装置，可以较好地解决谷物一年三熟的干燥问题。

（2）国内太阳能干燥的利用状况

我国对太阳能热利用研究起步较晚。大规模的研究工作从1975年才逐渐开始，20世纪90年代中后期对太阳能干燥的研究应用进入了低谷，主要原因是当时对节能与环境保护的重视力度不够，太阳能丰富的地区往往是经济落后、科技不发达地区，缺乏资金和技术支持。近年来，由于能源、环境形势的影响，我国太阳能干燥技术的应用又有了较大的发展，开展了谷物、水果、蔬菜、木材、中草药、茶叶、鲜花、植物叶片、食品（如鱼、腊肠等）等物质的太阳能干燥试验和应用研究，以及各类干燥设备的开发与研制，并取得了一些科研成果，有的已经将这些新技术投放市场，进入了技术应用的推广阶段。据不完全统计，到目前为止已建各种类型的太阳能干燥装置200多座，采光面积近2万平方米，取得了较好的经济效益和社会效益。

（二）太阳能干燥技术应用

（1）太阳能干燥粮食、谷物

传统的晒粮方式受天气影响极大，如果得不到及时干燥，高水分粮食极易造成霉变、发芽。采用太阳能干燥设施干燥玉米、稻谷、小麦、花生、咖啡等物料，除节约能源外，还能有效地提高被干燥物料的品质。特别是稻谷，采用传统的热风高温干燥时会产生很高的应力裂纹率，严重影响出米率和整米率，使品质和口感变差。

以储藏为目的而进行的谷物干燥处理最为常见，而集储藏和干燥于一体的干燥装置则被广泛应用于农村，尤其在世界粮食主产区，如北美地区。这种装置被称为储仓干燥装置。将太阳能作为加热能源，则称为太阳能储仓干燥装置，它属于集热型太阳能干燥装置。

此干燥方法采用低温干燥形式，是仓内干燥的一种，也称深床干燥。干燥仓通常带有通风地板，并配备一个至少能提供所需风量的风机的出风口。每个储仓顶部安装一个粮食抛洒器，以便使谷物均匀铺平，有时也可设置一个搅拌器。

在太阳能储仓干燥过程中，气流从底部上升穿过谷物，蒸发和带走了谷物中的水分。干燥分上中下三个区段进行，干燥区段随干燥时间逐渐上移，干燥速度基本上由风速及干燥介质的温度和相对湿度确定。下区段是干燥的谷物，中区段是干燥区段，该区段的谷物含水率比装仓时低，但还没有达到与空气相平衡的水分。上区段是湿谷物区段，含水率与入仓前相近。使用太阳能储仓谷物干燥设施时，谷物必须在安全储藏期内完成干燥，并注意上层谷粒的霉变。

（2）太阳能干燥果品

太阳能干燥果品在我国运用较成功。广东东莞的太阳能果品干燥装置每次可装水果1.4~1.75t，温室气温可达50~70℃，6d后即可得到干果。用于荔枝、龙眼等肉质水果的干燥效果好，降低了干燥时间和劳动强度。此外采用太阳能干燥房干燥杏脯、苹果干、红枣和梨脯也取得了成功。与烧煤干燥相比，太阳能干燥房内温度比较均匀，果脯无焦煳现象，且在太阳直接照射下，果脯色泽鲜亮，质量较优。

（3）太阳能干燥蔬菜

运用太阳能干燥设施干燥蔬菜的研究，在我国已经有了很大的发展。现以辣椒为例加以介绍。

鲜辣椒的干制目的是将鲜椒含水率从80%以上降低到16%左右，使其可溶性固形物的浓度提高到微生物难于生存的程度，并抑制辣椒体内酶的活性，达到长期保存和利用的目的。

据西北农林科技大学园艺学院蔬菜所试验所用太阳能干燥设施，采用自然干燥时干燥率为16.6%~20%，成品干椒中、下等及等外品级占60%。采用太阳能干燥时干燥率为24%~33.3%，成品中、下等品及等外品级降至20%~10%。太阳能干燥过程中可杀死部分病菌，辣椒干很少有黄尖、霉斑和掉柄现象，果柄色绿、果实鲜红具有光泽、可溶性糖含量增多，品质好。

（4）太阳能干燥肉制品

传统腌腊制品属于易腐败食品，必须经过良好的干燥处理才能成为可以在一段时间内保存的商品。传统的人工控制的干燥过程复杂而又严格，产品质量易受操作工人的经验、责任心及外界气候条件的影响，且生产效率一般不高。

复合式太阳能干燥系统采用太阳能和其他能源作为热源，配以智能化程度较高的控制设备，可以进行全天候的生产作业。它不仅适用腊肉、腊肠的干燥，而且还适用其他腌腊制品的干燥。干燥腊肠的生产实践表明，优质腊肠成品率达98%，比过去显著提高。

该大型太阳能干燥器系统由若干复合式干燥器单元组成，每一个单元的复合式干燥器由两列平行的具有三层玻璃盖层的温室和按一定比例的太阳能集热器构成，并配有蒸汽换热器。干燥器的采光盖层向南倾斜，其倾角是以干燥器内料层获得最佳能量收益为准则加以确定。温室内向南的内侧壁上端装有反射镜面，以增加到达腊肠表面的直接太阳辐射。新鲜空气经过太阳能集热器预热后进入干燥室，并与回流风混合，然后再经过蒸汽换热器进一步加热至干燥工艺所要求的温度，由2台并联的风机强迫空气内循环流动。

腊肠一方面从干燥介质热空气中以对流热交换形式得到热量，另一方面以辐射传热方式直接得到透过玻璃的太阳能。该系统空气的温度、湿度、风速、回风量可根据物料干燥工艺条件进行调节，微机自动控制，这种设计适用于干燥工艺要求比较严格的工业化生产的干燥作业。

第五节 微波干燥技术

无论是日光、热风等传统干燥方法还是比较先进的过热蒸汽、热泵、真空冷冻干燥方法，它们的传热机理均是基于对流、传导或辐射加热，热量是由外部向内部逐渐传递，导致干燥时间普遍较长。而微波干燥加热，则是利用介电加热原理，依靠每秒几亿次的高频电磁周期振荡引发分子运动，使被加热物料发热，避免了常规加热方式存在的一些问题，诸如需要预热、加热时间长和加热干燥速率慢等弊病，因而微波干燥具有加热速率快、效率高的优点。

一、微波干燥原理

微波是一种波长范围为1mm~lm、频率范围为3.0×10^2~3.0×10^5MHz、具有穿透特性的电磁波。为了不至于对微波通讯等设施产生干扰，国际电气与电子工程师协会（IEEE）统一规定，在工业加热上只允许使用特定的频率，在我国为915MHz和2450MHz。

被加热的介质是由许多一端带正电荷，另一端带负电荷的分子（偶极子）所组成。在没有电场的作用下，这些偶极子在介质中做杂乱无章的运动；当介质处于直流电场作用之下时，偶极子重新进行排列，带正电一端向负极，带负电一端朝向正极，杂乱无章排列的偶极子变成了有一定取向的偶极子，即外加电场给予介质中偶极子的能量一定的“势能”。介质中的偶极子的极化越激烈，介电常数就越大，介质中储存的能量也就越多。

若改变电场的方向，则偶极子的取向也随之改变。若电场迅速交替改变方向，则偶极子也随之迅速地摆动。由于偶极子的热运动和相邻分子间的相互作用，偶极子随外加电场方向改变而做的规则摆动便受到干扰和阻碍，即产生了类似摩擦的作用，使分子获得了能量，并以热的形式表现出来，表现为介质温度的升高；外加电场的变化频率越高，偶极子摆动就越快，产生的热量就越多。外加电场越强，偶极子的振幅就越大，由此产生的热量也就越多。

当介电质置于交变电磁场中时，带有不对称电荷的分子受到交变电磁场的激励，产生转动，由于物质内部原有的分子无规律热运动和相邻分子之间作用，分子的转动受到干扰和限制，产生“摩擦效应”，结果一部分能量转化为分子热运动动能，即以热的形式表现出来，从而物料被加热。也就是电场能转化为势能，而后转化为热能。

由于物料中的水分介质损耗较大，能大量吸收微波能并转化热能，因此物料的升温和水分的蒸发在整个物体中是同时进行的。在物料表面，由于蒸发冷却的缘故，使物料表面温度略低于内部温度；同时由于物料内部产生热量，以至于内部蒸汽迅速产生，与外部形成压力梯度。如果物料的初始含水率很高，物料内部的压力升高非常快，水分可能在压力梯度的作用下从物料中排除。初始含水率越高，压力梯度对水分排出的影响越大，也即有一种“泵”效应，驱使水分流向表面，加快干燥速度。由此可见，微波干燥过程中，温度梯度、传热和蒸汽压迁移方向均一致，从而大大改善了干燥过程中的水分迁移条件。同时由于压力迁移动力的存在，使微波干燥具有由内向外的干燥特点，即对物体整体而言，将湿物料内层首先干燥，这就克服了在常规干燥中因物料外层首先干燥而形成硬壳板结阻碍内部水分继续外移的特点。

微波加热造就物料体热源的存在，改变了常规加热干燥过程中某些迁移势和迁移梯度方向，形成了微波干燥的独特机理。

二、微波干燥工艺

微波主要是用来提高干燥能力（迅速去除水分而不在物料内部产生温度梯度），或是用于终端干燥以去除干燥后期传统干燥方法需要花费很长时间才能去除的少量水分。一般讲，微波干燥可以单独使用，也可以和热风、喷雾、真空或冷冻干燥等结合达到降低能量消耗、减短干燥时间的目的。

（一）微波常压干燥工艺

一些农副产品，例如鲜蘑菇、魔芋、银耳等，初始含水率往往达80%以上，到干燥末期水分降至10%左右，而微波干燥尤其适合于干燥后期。对干制品的色、香、味等要求较高，而常规加热干燥又很难做到，即可以考虑使用微波干燥法，可将其应用于蘑菇等菌类和胡萝卜、菠菜等蔬菜类，枸杞和人参等中药材和中成药制品。

下面以干燥魔芋块茎为例介绍高含水率物料微波干燥的方法。据微波干燥特性分析，可确定微波干燥加工工艺过程分为三个阶段。

（1）物料快速整体升温，达到蒸煮效果；

（2）高含水率阶段的快速脱水；

（3）低含水率阶段的干燥脱水。

微波加工工艺和设备设计要点如下所述。设备设计生产能力为干芋粉300kg，芋块初始含水率为65%，加工后含水率降为10%以下。按上述工艺过程设计微波干燥设备的微波输出功率总计为60KW，由四个多谐振腔箱体组成隧道式微波干燥设备，并有下述结构特点，即由三台频率为915MHZ、功率为20KW的微波源供能，其功率分配为：第一个箱体供能20KW排水量较小，主要作为蒸熟（熟化）物料之用。在此加工期间，物料含水率降至59%。第二个箱体供能18KW，排湿风量较大，主要担负物料脱水，使其含水率降为40%以下。在此脱水干燥区域，应考虑物料有足够的脱水均衡时间，使物料各部分脱水均衡。为此，在此干燥区间可设置无微波辐射的均衡区，其长度视均衡需要而定。第三、第四箱体共用一个20KW微波源，其功率分配比例为2：1，视干燥状态适应地调节，保证干燥成品在第四个箱体出口处含水率降至10%以下。

该工艺实现了一台微波干燥机完成物料熟化、干燥脱水全过程，并具有钝化酶活性和杀菌的功能，由于它将单一干燥功能扩展为多功能化，使多个工序操作合一完成。尤其是在物料后期物料含水率很低的情况下，微波干燥更能发挥其优异性能。

（二）微波——热风干燥工艺

在用微波能干燥时，通常将热风与微波系统联合使用。热风可有效地除去物料自由水和表面水，而微波能特有的“泵送”作用可有效除去内部自由水。将两种单元操作以特定的方式联合起来，可提高干燥效率和经济性，在不破坏最终产品品质特性的情况下，大大缩短干燥时间。

微波能与热风联合干燥工艺主要有以下三种形式：

（1）在干燥过程的初始阶段应用微波能

物料内部快速加热至蒸发温度，蒸汽被迫向外表面移动，从而为热风从表面除去水分创造条件。干燥速率的提高归因于物料内形成的多孔通道，促进了水蒸气的传递。

（2）在降速干燥阶段应用微波能

在这种情况下，物料表层是干的，水分集中在内部。此时应用微波干燥，内部产生热蒸汽压迫使水分移向表面，迅速将其除去。

（3）在低含水率时应用微波能

物料水分低时，再采用热风干燥方法，系统效率最低。考虑到物料在用热风干燥时会因收缩而引起干燥速率的降低，而用微波加热可迫使水蒸气外移而阻止组织结构的收缩。干燥工艺的最后阶段应用微波干燥能有效除去产品中的束缚水。而用常规加热，必须使产品置于高温下才能破坏水与物料间的化学键。

（三）微波真空干燥工艺

微波系统与真空系统相结合的微波真空干燥技术表现出两者的优点，既降低了干燥温度又加快了干燥速度，具有快速、高效、低温等特点，能较好地保留被干燥食品等物料原有的色香味，而且维生素等热敏性营养成分或者活性成分的损失大为减少，得到较好的干燥品质。

果蔬含水量大，用冷冻干燥成本极高，微波真空干燥在果蔬脱水方面具有较大的潜力。许多研究表明，微波真空干燥果蔬制品，其色香味及热敏成分的保留率十分接近于冷冻干燥。虽然质构较硬，与冷冻干燥有一定的差距，但干燥时间和成本可大幅度降低。美国加州大学研究用微波真空干燥技术生产脱水膨化葡萄，能很好地保持鲜葡萄风味和色泽，外形也能不萎缩。由于微波真空干燥温度低，干燥时间短，维生素B_1、维生素B_2、维生素C保留率较高。

以下以菠萝为例，介绍微波真空干燥的加工工艺。干制菠萝片的工艺流程为：菠萝挑拣→厚度控制8mm→切片→去心→装载量控制→微波功率控制→真空度控制→温度时间控制→微波真空干燥→成品→计量包装。

先把新鲜菠萝去杂、去皮，然后在控制厚度（8mm）均匀的前提下切片。由于菠萝纤维组织结构不均匀以及各部位含糖量的不同，故为了避免由此引起的受热程度及焦糖化程度不均匀的现象，需要对菠萝片进行去心处理，然后立即将原料置放在微波真空干燥装置内的旋转托架上。打开循环水，在0.08MPa真空状态下输入微波功率1.2KW，干燥20min；之后降低微波功率为0.8KW，再干燥20min左右，使含水率由原来的80.05%降为10%。最后关闭微波真空干燥设备，打破真空状态后，取出菠萝片，称量包装。微波真空干燥过程中加热升温速度很快，为避免温度过高引起的非酶促褐变使产品质量下降，原料表面温度始终要控制在50℃以下。

（四）微波冷冻干燥工艺

微波冷冻干燥通常在远低于水的三相点的温度下使用。冷冻干燥是指物料在冻结情况下，由冰直接升华为水蒸气，中间不经过液相的过程。冷冻干燥已经在医药和食品行业中应用广泛，它的干燥质量是最好的，基本上能保留药品和食品原有的色香味和生物活性。目前我国能打进国际市场的高档脱水蔬菜制品均是采用冷冻工艺生产的，传统的各种干燥工艺无法生产高品质的脱水果蔬。

首先，常规冷冻干燥能量是由表面传导的方式得到的，热量传递方向与水蒸气迁移方向相反，传质阻力较大。而微波加热不需要热介质，能使冻品在干燥时继续处于冷冻低温状态，特别是冻品表层部位。其次，微波冷冻干燥的冻品表面温度低于里层，其热量传递方向与质量（水气）迁移方向相同，形成其他方法所没有的迁移动力，以及干燥层首先在物料里层形成，故消除了冷冻干燥中的热阻现象。因此微波冷冻干燥时间可比常规冷冻干燥的时间缩短1/2以上。

此外，真空结合微波也可以缩短干燥时间。当冰升华时，如果靠真空泵抽出大量的水蒸气，真空泵的排气速率要很高，为减轻真空泵的工作负荷，常在主泵前面配置一个冷阱，水蒸气在冷阱重新凝结为冰，从而减轻对真空系统抽气量的负担。微波真空冷冻干燥技术在食品加工中可用于制作冷冻干燥食品，如咖啡、海产品、水果、蔬菜、调味品等。微波真空冷冻干燥工艺所示：预冷→冷阱冷却→真空泵工作→微波功率加热升华→干燥。

微波真空冷冻干燥技术发展过程中，除了它的经济性问题外，与微波真空干燥技术一样，还存在着电晕放电、均匀加热、阻抗匹配和效率的问题，为避免电晕放电现象的发生，一般采用频率为2450MHZ的高频，使冻结制品的表面熔融。微波真空冷冻技术在国内还刚起步，需要真空冷冻方面的专家与微波食品加工技术人员的共同努力。

三、微波干燥设备

基于微波干燥的基本原理，微波干燥系统主要由微波发生器、波导装置、微波干燥排湿冷却装置、传动系统、控制系统以及安全保护系统等部分组成。

微波发生器是干燥设备的关键部分，它由磁控管和微波电源组成。其主要作用是产生所需要的微波能量；微波管产生的微波通过波导装置无损耗地传输到微波干燥器中；微波干燥器是实现物料与微波相互作用的空间，微波能量在此转化为被干燥物料的内能，使物料中的水分蒸发而干燥；排湿冷却装置的作用是排出物料中蒸发出来的水蒸气以及将物料通风冷却。在对物料连续干燥处理的微波设备中，还具有配套的物料输送系统，连续不断地将它们送入微波干燥器中进行干燥，并将干燥后的物料输送出来进行下一道工序。物料输送系统的传输速度和调速范围，要适应干燥物料的工艺要求。传动系统多由调速电机和减速器组成。

（一）微波干燥设备的技术参数

微波干燥设备的主要技术参数包括微波频率、微波功率、生产能力、占地面积（安装参考尺寸）、微波标准。如表3-3所示，其中生产能力按标准环境（20℃）以下的模拟负载（水）计算，且物料可以连续输送，当处理实际物料时，产量仍可提高，视物料特性而定；微波标准必须符合国家颁布卫生标准。

表3-3　微波干燥设备主要技术参数

微波频率/MHz	功率/KW	生产能力/（kg/h）	（长×宽×高）/m
2450	10	150	4.0×2.5×1.8
	20	300	5.5×2.5×1.8
	30	450	7.0×2.5×1.8
	40	600	8.5×2.5×1.8
915	20	300	8.0×3.5×1.8
	40	600	10.5×3.5×1.8
	60	900	12.0×3.5×1.8
	80	1200	12.5×3.5×1.8

（二）微波加热设备的类型

（1）箱式微波加热器

箱式微波加热器是在微波加热应用中比较普遍的一种加热器，属于驻波场谐振腔加热器。用于食品烹调的微波炉，就是典型的箱式微波加热器。由于其对加工块状物体较适宜，因此这种加热器已广泛应用于试验品快速加热、食品的快速烹调。

（2）隧道式箱型加热器

隧道式箱型加热器是把几个箱式微波加热器串接在一起，可对被加工物品进行连续传输加热，又称为腔型加热器。为防止进出口处微波泄漏，必须装置微波漏能抑制器和吸收材料。

隧道式加热器主要由微波加热箱、微波源、能量输送波导、漏能抑制器、排湿装置、传输机构等组成。具有干燥速度快，生产效率高，产品质量好等优点。被加热的物料通过输送带连续输入，经微加热后连续输出。由于腔体的两侧有入口和出口，将造成微波能的泄露，因此，在输送带上安装了金属挡板。也有在腔体两侧开口处的波导里安装许多金属链条，形成局部短路，防止微波能的辐射。由于加热会有水分的蒸发，因此也安装了排湿装置。

为了加强连续化的加热操作，人们设计了多管并联的谐振腔式连续加热器。这种加热器的功率容量较大，在工业生产上的应用比较普遍。为了防止微波能的辐射，在炉体出口及入口处加上了吸收功率的水负载。这类加热器可应用于奶糕和茶叶加工等方面。

（3）波导型微波加热器

所谓波导型微波加热器即是在波导的一端输入微波，在波导的另一端有吸收剩余能量的水负载或其他负载，这样能使微波在波导内无反射地传输，构成行波场，又称为行波场加热器。这类加热器是常用加热器，与箱式加热器一样用得很普遍。有以下几种形式。

1.开槽波导微波加热器（也称蛇形波导加热器和曲折波导加热器）

开槽波导微波加热器是一种弯曲成蛇形的波导，在波导宽边中间沿传输方向开槽缝。由于槽缝处的场强最大，被加热物料从这里通过时吸收微波最多。一般在波导的槽缝中设置可穿过的输送带，将物料放在输送带上随带通过。输送带应采用低介质损耗的材料。这种加热器适用于片状食品和颗粒状食品的干燥和加热。

2.V形波导微波加热器

V形波导微波加热器是由V形波导、过渡接头、弯波导和抑制器等组成。V形波导为加热区，输送带及物料在里面通过时达到均匀的加热。V形波导到矩形波导之间有过渡接头。抑制器的作用为防止能量的泄露。V形波导微波加热器可改善电场分布，使物料加热均匀。

3.直波导微波加热器

直波导微波加热器是由激励器、抑制器、主波导及输送带组成。微波管在激励器内建立起高频场，电磁波由激励器分两路向主波导传输，物料在主波导内得到加热。当用几只微波管同时输入功率时，激励器与激励器之间应相隔适当距离，以减少各电子管间的相互影响。

为了达到对各种不同物料的加工要求，常设计各种结构形式的行波型微波加热器。常见的行波型加热器还有脊弓波导微波加热器等。这类微波加热器在合成皮革、纸质品加工中用的较多，在食品加工中也有应用。

（4）辐射型微波加热器

辐射型微波加热器是利用微波发生器产生的微波通过一定的转换装置，再经辐射器（又称辐射线、天线）等向外辐射的一种加热器。物料的加热和干燥直接采用喇叭式辐射型微波加热器照射，微波能量便穿透到物料的内部。

（5）表面波加热器

表面波加热器是一种微波沿着导体表面传输的加热器。由于它所传送微波的速度要比在空间传送的慢，故又称为慢波加热器。这种加热器的另一特点是能量集中在电路里很狭小的区域内传送，这样可得到很强的电场，提高对某些材料的加热效率。其种类有梯形波导加热器、螺旋线加热器、曲折线加热器、小时波导加热器等。

（三）微波干燥设备的选型

（1）频率的选定

工作频率的选定主要取决于下面四个因素。

1.加工物料的体积及厚度

由于微波穿透物料的深度与加工所用的频率、被加工物料的介电常数及介质有关，因此，当物料在915MHz与2450MHz的介电常数及介质损耗不大时，选用915MHZ可以获得较大的穿透厚度，用它可以加工较厚、体积较大的物料。

2.物料的含水率及介质损耗

一般来说，加工物料的含水率越大，其介质损耗亦越大，当频率越高时，其相应的介质损耗亦越大。因此，对于含有大量水分的物料，可以采用915MHZ的频率，对于含水率很低的物料，其对915MHz的微波吸收较少，应选用2450MHz的频率，然而盐水在915MHz时的介质损耗反而比2450MHz时高，牛肉亦有此类情况。因此，究竟选用什么频率，最好是通过实验来确定。

3.总生产量及成本

微波电子可能获得的功率与频率有关。例如，频率为915MHZ的磁控管单管可以获得30KW或60KW的功率。而2450MHz的磁控管单管只能得到5KW左右的功率，而且前者的工作效率一般比后者的高10%~20%。为了在2450MHz上获得30KW以上的功率，就必须用几个磁控管并联，或者采用价格较高的调速管。因此，在加工大批物料时，往往选用915MHz频率，在含水率降至5%左右时再使用2450MHz频率，这样总的成本就可以降低。

4.设备体积

一般来说，2450MHz的磁控管及波导均较915MHz小，因此加热器的尺寸也较之小巧。

（2）加热器形式的选定

当加工物料需要流水连续生产时，为了获得均匀的热量，可以利用传送带或靠物料本身传送，往往采用隧道式谐振腔加热器。对于小批量生产或实验取样干燥物料，一般可以采用小型谐振腔加热器。对于薄片物料，根据待加工物料的不同选择不同的形式，一般可以采用慢波结构的加热器。例如对薄片状的物料采用开槽波导型加热器，对于介质损耗小的物料采用梯形慢波加热器，液滴状物料采用像水负载那样的或圆波导型的加热器，体积较大的物品一般采用箱式加热器等。

四、微波干燥技术的应用

（一）微波干燥在面条烘干中的应用

微波食品干燥技术从1965年起，首先在烘干面条中取得成功。面条由于内部水分迁移缓慢，所以后续干燥很困难，而用微波干燥就能很好地解决这一问题，将湿面条先用热风预干燥，使含水率从30%降到18%；然后在重力引导下落到微波干燥室中，用微波——热风结合干燥12min，含水率就已达到13%的要求。所用热风的温度为8~93℃，相对湿度为15%~20%，最后温区中制品的温度为73.5℃左右。这种方法加工时间由原来的8h缩短到1.5h，节能25%，细菌含量仅为传统法加工产品的1/15。因制品带有多孔性，所以此种产品较变通法干燥的容易复水。

（二）微波干燥技术在茶叶杀青、烘干中的应用

绿茶用微波杀青，升温速度快，杀青时间以1.5~2min为佳。但是大功率微波不能用于茶叶初制中的烘干作业，由于茶叶温升迅速，反而过早固定了茶叶品质，不利于其风味的形成。微波处理红碎茶（干毛茶），可破坏茶叶中残余的酶活性而制止酶氧化，提高耐储性。

微波制茶能明显改善劳动环境，减轻劳动强度，加工费用也与常规法接近，是一种很有前途的制茶方法。

（三）微波技术在既是食品又是药品的原料干燥中的应用

我国已公布了69种既是药品又是食品的物料名单，这是食品行业，特别是保健食品行业开发新产品的重要资源。同普通食品原料和中药材一样，这类生产原料在储运过程中为防止霉变或在加工的前处理中，需对它们进行干燥处理。

近年来，微波技术在这类原料的加工应用上得到迅速发展。选取有关的既是食品又是药品的原料进行微波加工，见表3-4至表3-6的比较分析结果。表中都可以说明采用微波干燥工艺对中药材进行加工，只要控制得当，就不会破坏药用成分且可保持中药材成分不变。

表3-4　微波干燥某些中药材的失重（%）变化

辐射时间/min	生地	桃仁	川乌	桑皮	丹参
15	4.20	4.52	8.28	12.80	12.40
25	10.50	6.43	13.20	20.40	17.00
45	26.40	10.70	20.30	31.40	27.60
55	22.40	11.90	23.70	33.60	34.10
65	23.20	12.20	24.20	35.50	34.80

表3-5　微波辐射能对某些中药材的失重（%）影响

辐射能/KW/min	生地	桃仁	川乌	桑皮	丹参
0.5	0.56	1.45	0.97	3.58	5.74
1.0	14.00	13.65	5.58	8.29	11.40
2.0	16.90	15.84	19.90	18.80	12.70

表3-6　不同中药材在常规加热和微波方法下干燥时间比较

干燥方法及时间比	生地	桃仁	川乌	桑皮	丹参
烘烤法（C）	72	36	36	36	72
微波法（N）	2	1.5	1.5	1.5	1.2
C/N（时间比）	36	24	24	24	30

（四）微波技术在蔬菜干燥中的应用

将新鲜蔬菜干燥成含水率不大于20%的“干菜”，用微波加热的方法可比传统的加热效率提高10倍以上。例如，生姜片的生产。用传统加热法生产生姜片时，因需高温而使产品色泽较深，为使产品取得较白色泽，要采用硫熏漂白工艺，又会因制品含硫量超标而难以进入国际市场。利用微波干燥过程具有不改变物料色泽的特点，能从工艺上根本消除含硫污染，提高制品品质。

（五）油炸食品的微波最终干燥

日本的食品业使用微波对油炸方便食品进行最终干燥，不仅可节省食用油，还可得到含油率低的清淡味美的食品。同样，油炸鱼虾、油炸豆制品等均可使用微波处理，也可对通心粉进行最终干燥，从而大大缩短了干燥时间。

第四章　食品杀菌技术

第一节　微波杀菌技术

微波是一种频率由300MHz~300GHZ的电磁波，其波长为0.001~lm，比光波、红外波的波长长，属于高频波段的电磁波。由于微波具有电磁波的直线传播、遇金属发生反射、能量传输等波动特性以及辐射、相位滞后等高频特性和热特性等，而被广泛应用于军事、通讯、食品、医药、皮革、胶片等诸多领域。

杀菌是食品加工生产的一个重要操作单元，目前使用最多的杀菌方法是热力杀菌。首先，传统热力杀菌主要是依靠加热，热力杀菌时热量由食品表面向中心传递，其传递速率取决于食品的传热特性，由此造成食品表层与中心的温度差，从而出现同一食品其表面和中心杀菌的时间差，延长了食品整体杀菌所需的总时间。其次，单纯依靠热力的作用，增加了对食品中的耐热性较强的芽孢杆菌的杀灭难度。另外食品的初温、原料形状大小、黏度及包装均对热力杀菌总时间有影响，尤其是传导传热型食品初温的影响最为明显。因此，传统的热杀菌方法杀菌时间长，热量消耗大，对于热敏性物料来说营养成分和风味损失较大。

微波杀菌时食品本身成为加热体，食品内外同时升温，不需要利用传热介质的传导、对流传热。相对于热力杀菌，微波杀菌具有加热时间短、升温速度快、能耗少、杀菌均匀、食品营养成分和风味物质破坏与损失少等特点；与化学方法杀菌相比，微波杀菌无化学物质残留而使安全性大大提高。因此，食品的微波杀菌保鲜技术已被越来越多的食品生产厂家所采用。

一、微波杀菌原理

微波能量被介质材料吸收而转化为热能的现象，表现为微波能在材料中的总损耗。在微波场的作用下，电介质的极性分子从原来杂乱无章的热运动改变为按电场方向取向的规则运动，而热运动以及分子间相互作用力的干扰和阻碍则起着类似于内部摩擦的作用，将所吸收的电场能量转化为热能，使电介质的温度随之升高。食品中的水分、蛋白质、脂肪、碳水化合物等都属于电介质，电介质吸收微波能使介质温度升高。大量试验结果表明：微波杀菌不仅具有因食品吸收微波能量而转换成热的热效应，而且还存在一种非热效应，这两种效应相互依存，相互加强。

（一）热效应

微波作用于食品时，食品的表面和中心同时吸收微波能，温度升高。食品中的微生物细胞在微波场的作用下，其分子也被极化并做高频振荡，产生自身的热效应，使其快速升温导致菌体蛋白质变性，活体死亡，或受到干扰无法繁殖。还可导致细胞膜破裂，使生理活性物质变性而失去生理功能，从而杀灭细菌繁殖体、霉菌及其孢子。

（二）非热效应

微波非热生物效应指生物体内部不产生明显的升温，却可以产生强烈的生物响应，使生物体内发生各种生理、生化和功能的变化，导致细菌死亡，达到杀死其的目的。其机制主要有以下几种。

（1）微生物对微波具有选择吸收性。食品主要成分淀粉、蛋白质等对微波的吸收率比较小，食品本身升温较慢，但其中的微生物一般含水分较多，介质损耗因子较大，易吸收微波能，使其内部温度急升而被杀死。

（2）降低水分活度，破坏微生物的生存环境。

（3）对细胞膜的影响。在高频微波场下电容性结构的细胞膜将会被电击穿而破裂，温度不会明显上升；细胞膜发生机械损伤，使细胞内物质外漏，影响细菌的生长繁殖；微波电磁场感应的离子流会影响细胞膜附近的电荷分布，影响离子通道，导致膜的屏障作用受到损失，产生膜功能障碍，从而干扰或破坏细胞的正常新陈代谢功能，导致细菌生长抑制、停止或死亡。

（4）对细胞壁的影响。细胞壁破碎，蛋白质核酸等物质将渗透到体外，导致微生物死亡。

（5）对遗传物质的影响。从生物学角度上讲，微波导致细胞内DNA和RNA结构中的氢键松弛、断裂和重新组合，诱发基因突变、染色体畸变等，从而中断细胞的正常繁殖能力。

二、微波杀菌工艺

（一）连续微波杀菌工艺

连续微波杀菌利用微波的热效应，既可用于食品的巴氏杀菌，也可用于高温短时杀菌，在国内外杀菌技术中已得到广泛应用。其工艺流程及参数与微波功率、物料流量、灭菌时间和灭菌温度有关。

（二）多次快速辐照微波杀菌工艺

多次快速加热和冷却的微波杀菌工艺适合于对温度敏感的液体食品杀菌，例如饮料、米酒的杀菌保鲜。其目的是快速地改变微生物生态环境的温度，并且让微生物处在冷、热交替的恶劣环境下致死，从而避免让物料连续较长时间处于高温状态，为保持物料的色香味及其营养成分提供有利条件。

（三）脉冲微波杀菌技术

一般微波杀菌主要是利用微波的热效应，而使用脉冲微波杀菌主要是利用非热效应，其对细胞的作用主要集中在细胞膜上。脉冲微波杀菌技术能在较低的温度、较小的温升条件下对食品进行杀菌，对于热敏性物料来说具有其他方法不可比拟的优势，有十分广阔的研究和应用前景。目前实现脉冲微波杀菌主要有两种方式。第一种方式是采用瞬时高压脉冲微波能量而平均功率很低的杀菌技术，其原理是用微秒或毫秒级宽度的高压脉冲加在磁控管上，使脉冲功率达每秒数十千焦甚至每秒兆焦等级，而平均功率只有几千焦/秒。将这样的微波能量作用于被处理的物料上，物料在极短时间内受到高能量的微波照射，使细菌等微生物在极高的电磁场作用下失去生存能力而达到杀菌的目的。该途径的优点是平均功率低，耗能小，杀菌效率高。第二种方式是采用幅度较低的连续波微波，周期性地切断，处于毫秒级持续时间和毫秒级停断时间。细菌的肌体受到周期性的连续作用，如果该周期和细菌存在的振荡周期一致，就可能造成谐振状态，导致细菌的细胞膜振破，将细菌杀死，而达到杀菌效果。

三、微波杀菌设备

微波在食品工业中有各种用途，杀菌是其中之一。虽然微波加热有许多优点，但与其他杀菌方法相比，微波杀菌的应用在世界范围还不是十分普遍，其原因是微波的温度控制难度大。目前，生产中应用的微波杀菌大多是低温杀菌装置，高温杀菌装置较少，仍处在研究开发阶段。

传统加热法是从外部加热，食品内部的温度上升较慢，由于为了短时间内得到充分的杀菌效果，因此食品加工中，一般经加热杀菌后的食品处于无菌状态，但在后处理、包装等后段工序中，易被二次污染，如被空气中的霉菌孢子、细菌等的污染。因此，一般经微波杀菌的产品，最好在包装后用微波照射，能收到更好的效果。目前已有以此为目的的杀菌、防霉装置。微波加热杀菌时，食品内部温度分布和传统加热不同。

对各种不同的菌都有其必要的杀菌最低温度，而当食品表面温度偏低时，容易出现表面杀菌不足的问题。为了弥补这一不足，建议考虑如下几种方法。

第一，对表面进行充分的保温。

第二，微波与热风或远红外线照射并用，以补偿表面温度不足。

第三，用紫外线照射等对食品表面及包装材料进行杀菌。

（一）微波电子管的选择

微波电子管是产生微波能的主要部件，目前常用的微波电子管是磁控管和速调管。磁控管结构简单，价格便宜，但单管的功率一般较小，速调管结构比磁控管复杂，效率比磁控管略低，但单管可以获得较大的功率。在设计微波杀菌装置选择微波电子管类型时，应综合考虑两种微波管的特点。

（二）微波加热器的选择

按被加热物和微波场的作用形式可分为驻波场谐振腔加热器、行波场波导加热器、辐射型加热器和慢波型加热器四大类，其结构形式有箱式、隧道式、平板式、曲波导式和直波导式几种。微波加热器类型的选择取决于加工物料的形状、数量及工艺要求。例如被加热物料体积较大或形状复杂时，为了获得均匀的加热，可采用隧道式谐振腔型加热器；对于薄片物料如饼干、方便面等，一般可用开槽波导或慢波结构的加热器；对于小批量生产或实验室样品试验，可以采用小型谐振腔型加热器；对于线状物料的干燥，可以用开槽波导或脊形波导加热器。

（三）间歇式及半间歇式杀菌装置

微波炉是间歇式装置的典型代表。在间歇式加热中，加热炉中电场分布很难均匀，因此在设计时，要想办法使加热均匀，大多数微波加热器采用叶片状反射板（搅拌器）旋转或转盘装载杀菌物料回转的方法，使加热均匀。间歇式微波加热杀菌装置因为是密闭的方式，比较容易防止微波泄漏和进行压力控制，因此应用于高温杀菌也是可能的。另外，也可以设计成与蒸汽并用以及旋转照射的方式。但是，装置在大型化方面有照射距离的问题，技术上难度大，每次加工的产品数量受到一定的限制，因此，此装置在生产中还不太适用。旋转升降式半间歇式微波加热杀菌装置，它与产品固定的方法比，优点是可以使更多的产品同时受到均匀的照射处理。

（四）连续式照射杀菌装置

在大批量产品进行连续式微波加热杀菌生产中，一般采用传送带式隧道微波装置。该装置具备自动控温系统、自动控制微波密度系统、自动报警系统、视频监视系统、传输带自动纠偏系统、传输变频调速系统、物料控制系统、PLC控制系统等。微波管采用磁控管，变压器可选择油浸水冷式、风冷式和自冷式，可确保设备24h连续工作。该设备流水作业，操作简单、产量高、环保、加热速度快、加热均匀、可控性好。

第二节　超声波杀菌技术

超声波是频率高于20kHz的声波，它方向性好，穿透能力强，易于获得较集中的声能，在水中传播距离远，在医学、军事、工业、农业上有很多的应用。超声波因其频率下限大约等于人的听觉上限而得名。

一、超声波杀菌机理

由于超声波频率高、波长短，除了具有方向性好、功率大、穿透力强等特点以外，还能引起空化作用和一系列的特殊效应，如力学效应、热学效应、化学效应和生物效应等。

（一）空化作用

在超声波处理过程中，当声波接触到液体介质时产生冲击波，这些冲击波产生非常高的温度和压力，瞬间可达到5500℃和50000kPa，这种内爆导致的压力改变是超声波杀菌的主要原因，爆裂区域可以杀死一些细菌，但是作用的范围有限。所谓的空化作用是当超声波作用于介质中，其强度超过某一空气阈值时，会产生空化现象，即液体中微小的空气泡核在超声波作用下被激活，表现为泡核的振荡、生长、收缩及崩溃等一系列动力学过程。空气泡在绝热收缩及崩溃的瞬间，泡内呈现5000℃以上的高温及10^9K/s的温度变化率，产生高达10^8N/m^{2}的强大冲击波。利用超声波空化效应在液体中产生的局部瞬间高温及温度变化、局部瞬间高压和压力变化，使液体中某些细菌致死，病毒失活，甚至使体积较小的一些微生物的细胞壁破坏，从而延长食品保鲜期，保持食物原有风味。

（二）机械作用

超声波在介质中传播时，介质质点振动振幅虽小，但频率很高，在介质中可造成巨大的压强变化，超声波的这种力学效应叫机械作用。超声波在介质中传播，介质质点交替压缩与伸张形成交变声压，从而获得巨大加速度，介质中的分子因此产生剧烈运动，引起组织细胞容积和内溶物移动、变化及细胞原浆环流，这种作用可引起细胞功能的改变，引起生物体的许多反应。由于不同介质质点（例如生物分子）的质量不同，则压力变化引起的振动速度有差异。

（三）热作用

超声波作用于介质，使介质分子产生剧烈振动，通过分子间的相互作用，引起介质温度升高。当超声波在机体组织内传播时，超声能量在机体或其他媒质中产生热作用主要是组织吸收声能的结果。超声波的热效应，与高频及其他物理因子所具有的弥漫性热作用是不同的。例如，用250kHz的超声波对体积为2cm^3的样品照射10s，可使水、酒精、甘油和硬脂酸的温度分别升高2℃、3.5℃、10℃和36℃，这种吸收声能而引起的温度升高是稳定的。

二、超声波杀菌设备

超声波杀菌设备只宜用于液态食品的杀菌，其基本形式有三种：液动式超声发生器，清洗槽式超声发生系统和变幅杆式超声发生系统。这些超声波杀菌设备形式是多种多样的，以下介绍它们的原理及几种基本类型。

（一）液动式超声发生器

液动式超声发生器（液哨）的结构原理图，将一个做成狭缝形状的喷腔和具有刃口的簧片放入液体中，当液流通过喷腔喷射出来时，便在簧片上激发固有振动，簧片支撑在振动节点处，通过恰当地选取液流流速和喷嘴到簧片之间的距离，簧片就能发生谐振而产生强烈振动，并有效地向四周辐射出频率高达32kHz的超声波。

这类超声发生器与其他类型的超声发生系统的区别在于：它是在液体介质内由机械喷流冲击波簧片哨产生超声，而不是从外部把换能器产生的超声波引入介质内。液哨技术具有效率高、成本低的优点，可以用于处理流动介质，这种方法已用于果汁、番茄酱的大容量生产中。

现代液哨式乳化机，簧片到小孔的距离是固定的，最大声强可通过调节器改变射流的形状来取得，共振块是为了可以利用其共振而使簧片产生更强的空化应。

（二）清洗槽式超声发生系统

这类超声发生系统由三大部分组成，即超声波发生器、换能器和清洗槽（杀菌室）。

（1）超声波发生器

它是将50Hz工频交流电转变为有一定功率输出的超声频电振荡的装置，主要产生和向杀菌室提供超声杀菌所需的能量。对超声波发生器的基本要求是：有足够的输出功率，杀菌用超声波发生器的功率主要决定于杀菌室的大小，一般都在1000W以上；输出阻抗应与配用的机械超声系统（换能器、变幅杆等）输入阻抗相匹配，这样输出效率最大，振动系统振动状态最佳；输出功率和频率应在一定范围内连续可调，以适应不同的工艺要求和因负载的改变及振动系统受热等引起的变化，最好能具有对共振频率自动跟踪和自动微调的功能；应具结构简单、工作稳定可靠、维修方便、价格便宜、体积小、工作效率高等特点。电源电压一般为220V ± 10%，50hz，工作环境温度一般为（-10~ ± 40）℃，相对湿度≤80%，气压为（100 ± 4）kPa。

超声波发生器按末级功放的元器件种类不同，可分为以下六种类型：全半导体管（晶体管）型、电子管型、半导体管与电子管复合型、可控硅型、高频电机型、功率模块型。

电子管型超声发生器由于效率低、能耗大、体积大，目前很少采用。SCR（可控硅）超声波发生器目前国内外还有部分工厂在生产，但使用时由于SCR振荡器输出的波形不是正弦波，在电源中含有尖峰脉冲，对无线电或灵敏度测量仪器会引起感应故障。高频电机式也极少采用。目前超声波发生器大多用大功率晶体管或“功率模块”组成。超声波发生器一般都由专业生产厂设计制造。

（2）换能器

换能器的作用是把超声波发生器输出的超声电振荡转变为超声机械振荡，并把超声能量输入到杀菌室中。清洗槽式超声发生系统所用的换能器是压电式超声换能器，它是根据逆压电效应制成的。某些压电材料例如石英晶体，压电陶瓷材料，例如钛酸钡、锆钛酸铅等物质经极化后（即在压电片的两端先加高压直流电使其极化，一面为正极，另一面为负极），当受到机械压缩或拉伸时，在它们两端面表面上将产生一定的电势差，这种现象称为压电效应。相反，若在两端面加上一定的电势差，它们将产生机械变形，这种现象称为逆压电效应。

压电式超声换能器就是利用压电材料的逆压电效应而制成的超声换能器。即若在压电材料两面加上16kHz以上的交变电压，则该物质将产生高频的伸缩变形，使周围的介质做超声振动。在使用压电式超声换能器时，应注意它所能承受的温度不能超过居里点。居里点是压电材料的压电性能可承受的最高环境温度，当温度高于居里点，压电性能即行消失。

一般杀菌用的超声设备中，由于功率大、容积大、往往采用多个换能器。用特殊的黏结剂黏接在清洗槽底部。换能器应均匀排列在清洗槽底部，而两换能器之中心距应小于1/2波长，换能器基元之间距一般取为5~10mm为佳，太大了易产生弯曲振动，且振动板受到腐蚀，同时辐射面相对减少。

另外，还有一种投入式超声波清洗槽用的换能器，螺栓紧固的纵向振动的单件换能器，按功率需要组合，安装于镀铬20μm厚的辐射面板上，然后将此板全密封并引出电缆，组成一个整件。这种换能器可以放在清洗槽内底部，可以放在它内侧面，组合十分方便。表4-1所示为某系列换能器的参数。

表4-1 超声波清洗机用密封式振子（置于水中工作）

型号频率	频率/kHz	输入功率/W	换能器数目	外形尺寸/mm	质量/kg	配用超声波发生器型号
QSD-125	25	125	3	280×80	3	QSD-125
QSD-250	25	250	6	152×280×84	6	QSD-250
QSD-500	50	500	12	152×484×84	12	QSD-500

（3）变幅杆式超声发生系统

变幅杆式超声发生系统由四部分组成：超声发生器、换能器、变幅杆和容器（杀菌室）。这种超声发生系统所用的超声波发生器与清洗槽式相同，容器也根据具体情况设计，所特殊的是它的换能器与变幅杆。

1.换能器

磁致伸缩换能器变幅杆式超声发生系统中一般是采用磁致伸缩换能器。它是根据磁致伸缩效应制成的。铁、钴、镍及其合金以及某些非金属铁氧体材料（化学式MFe_2O_4），其中M为二价金属，如Ni、Zn或Pb的长度能随着所处磁场强度的变化而伸缩的现象，称为磁致伸缩效应，又称为焦耳效应。由这种材料制成的棒杆在交变磁场中其长度将交变伸缩，其端面将交变振动，而辐射出声波。

在线圈中通以直流电，是因为当通入磁致伸缩换能器线圈中的电流只是交流正弦波形时，在每一周波的正半波和负半波将引起磁场两次大小变化，使换能器也能伸缩两次，出现“倍频”现象。倍频现象使振动节奏模糊，并使共振长度变短，对结构和使用均不利。

为了避免这种不利的倍频现象，常用的方法就是在换能器的交流励磁电路中引入一个直流电源，叠加一个直流分量，使之成为直流励磁电流，也可以并联一个直流激励磁绕组，加上一个恒定的直流磁场。加直流磁场的方法，可以在换能器上绕一个激磁线圈或者与激振磁场合用一个线圈，也可以在换能器中插入一块永久磁铁。

磁致伸缩换能器一般由专业生产厂家制作或使用者提出技术要求定制。磁致伸缩换能器的辐射面积按表4-2选取。

表 4-2　换能器单位面积允许输入功率 Me 与辐射面积 Sr

磁致伸缩材料	单位辐射面积允许输入电功率/（W/J/cm²）	超声频电源输出功率/W		
		50~150	500~800	1500~2000
		换能器辐射面积 J/cm²		
镍	50	1.0~3.0	10~16	30~40
铝铁合金	30~35	1.5~4.5	15~24	40~60
钛钴钒合金	70~75	0.7~2.0	7~11	21~28

表中所列单位面积允许输入电功率是工作频率20kHz时的大致数值，当工作频率为16kHz左右，单位面积允许输入电功率可以比表中所列之值高15%~20%；当工作频率在25kHz左右时，可以比表中所列之值低15%~20%。

金属型磁致伸缩换能器的特点是机械强度高，单位面积发射功率大，性能稳定，具有中等程度的电声效率，工作频率范围一般在50kHz以下。通常用于大、中功率的超声设备中并采用强制水冷。磁致伸缩换能器经常是和变幅杆同时使用。

2.变幅杆

变幅杆通常是联结在换能器输出端的一定长度、上粗下细的变截面杆，它是超声设备中重要的组成元件之一，它主要有两种作用。

放大机械振动的振幅及声强。因为无论是压电还是磁致伸缩换能器的伸缩变形量都是很小的，即使在共振条件下，其振幅也不超过0.005~0.01mm，这样的振幅和声强往往不能直接用于加工和在液体介质中引起空化现象。故需要采用一定变幅杆将其振幅扩大。变幅杆之所以能扩大振幅，是由于通过它的每一截面的振动能量是不变的。因此截面越小，能量密度越大。而能量密度与振幅的平方成正比。

变幅杆可作为机械阻抗变换器，使超声能量更有效地向负载传输。此外，在超声设备中，通常借助于变幅杆，在其波节平面处放一法兰盘，把超声振动系统固定在超声设备上；在向高温介质和腐蚀介质辐射超声能量中，借助于变幅杆还可以把换能器与介质隔开，使换能器不受腐蚀及减少热影响。

三、超声波杀菌应用

从前述可知，超声波对细菌的作用与声强、作用时间、频率等参数密切相关。如伤寒杆菌可用4.6MHz的超声全部杀死；但葡萄球菌和链球菌只有部分地受到伤害，用15kHz和20kHz的超声辐射光合细菌，这些细菌破裂并失去了自己的光合性能。用960kHZ的超声辐照20~70nm细菌，比8~12nm细菌的杀灭更彻底，而杆状细菌比球形细菌易于被超声杀灭，但芽孢杆菌较难杀灭。

昆明市拓东酱菜厂采用超声波发生仪用于灭菌，以酱油作为灭菌对象，做了不同灭菌时间的试验。表4-3为试验的结果。

表4-3 超声波酱油灭菌比较表

处理方式	抽样方式与检测结果				
	采样时段/min	累计灭菌时间/min	取样数量/mL	菌落总数（个/mL）	微生物死亡率/%
盛样器无菌水取样	0	0	1.0	3	—
	1	1	1.0	4.7×104	30.9
超声波灭菌	3	4	1.0	1.4×104	79.4
	5	9	1.0	1.1×104	83.8
	10	19	1.0	0.9×104	86.6
巴氏杀菌（72℃）	5	5	1.0	0.5×104	92.6
未处理酱油	0	0	1.0	6.8×104	0

由表中结果可以看出，随着超声波对酱油灭菌时间的增加，微生物菌落总数呈下降的趋势，当超声波灭菌时间累计达到4min以上时，灭菌酱油样品的微生物菌落总数指标达到了合格。

经超声波灭菌的酱油，在无菌操作条件下，盛装于磨口试剂瓶中室温下置于阴暗避光处储存6个月后，开瓶对部分酱油理化指标进行检测，结果见表4-4。

表4-4 超声波灭菌酱油储存结果比较表

处理方式	总酸含量/（g/100mL）	氨基酸/（g/100mL）	氨基酸下降率/%（个/mL）	感官结果
超声波，1min	2.95	0.65	13.9	清亮、挂瓶、有鲜味、回味酸
超声波，4min	2.74	0.65	9.7	清亮、挂瓶不明显、鲜味突出
超声波，9min	2.72	0.66	8.3	清亮、挂瓶不明显、鲜味突出
超声波，19min	2.71	0.68	5.6	清亮、挂瓶不明显、鲜味突出
巴氏杀菌（75℃）5min	2.66	0.69	4.2	黏稠、不清亮、有鲜味
未灭菌储存后	3.03	0.61	15.3	黏稠、偏酸、不清亮
未灭菌前	2.18	0.72	—	清亮、鲜味、酸甜适中

从表4-5可以看出，经灭菌储存后的酱油，其总酸值均有所提高，氨基酸都

有所下降，这主要是酱油中残存的微生物发酵所致，符合正常酱油存放情况。在氨基酸一项中，下降最大的是未灭菌储存酱油，其下降率为15.3%；下降最小的是巴氏灭菌酱油，下降率为4.2%。在感官结果中，经超声波处理的酱油其基本特征，就是色泽变得清亮，黏稠度下降，鲜味较为突出。

利用超声波的灭菌原理，可用于食具的消毒灭菌等。日本采用超声波餐具清洗机，以清除和杀灭餐具中的细菌及大肠杆菌菌落。表4-5给出的对盛过牛奶和鸡蛋，并附有大肠杆菌菌落及葡萄球菌的餐具，采用超声波清洗后的灭菌效果。从表中可以看出，超声波灭菌效果是明显的，尤其对大肠杆菌几乎检不出。与其他灭菌方法相比，超声波灭菌效果较佳。

表4-5　对盛过牛奶和鸡蛋的餐具的超声波清洗杀菌效果

<table>
<tr><td rowspan="3">餐具类别</td><td></td><td colspan="2">超声波清洗</td><td colspan="2">超声波清洗</td><td colspan="2">超声波清洗</td></tr>
<tr><td>时间</td><td>温水清洗 50℃
仔细清洗 50℃</td><td>各40℃</td><td>温水清洗 56℃
仔细清洗 65℃</td><td>各40℃</td><td>温水清洗 55℃
仔细清洗 65℃</td><td>各80℃</td></tr>
<tr><td>清洗方法</td><td>大肠杆菌</td><td>葡萄球菌</td><td>大肠杆菌</td><td>葡萄球菌</td><td>大肠杆菌</td><td>葡萄球菌</td></tr>
<tr><td rowspan="3">瓷盘</td><td>清洗前</td><td>4000~5000</td><td>20万~30万</td><td>3000~20万</td><td>1万~8万</td><td>10万~1000万</td><td>10万~100万</td></tr>
<tr><td>清洗后</td><td>0</td><td>100~1000</td><td>0</td><td>500~1000</td><td>0~1万</td><td>0~1000</td></tr>
<tr><td>仔细洗后</td><td>0</td><td>0~200</td><td>0</td><td>0</td><td>0</td><td>0</td></tr>
<tr><td rowspan="3">大瓷碗</td><td>清洗前</td><td>—</td><td>—</td><td>—</td><td>—</td><td>10万~100万</td><td>1万~10万</td></tr>
<tr><td>清洗后</td><td>—</td><td>—</td><td>—</td><td>—</td><td>0~100</td><td>0~1000</td></tr>
<tr><td>仔细洗后</td><td>—</td><td>—</td><td>—</td><td>—</td><td>0</td><td>0</td></tr>
<tr><td rowspan="3">合树脂盘</td><td>清洗前</td><td>4000~5000</td><td>60万~80万</td><td>1000~2000</td><td>1万~2万</td><td>10万~100万</td><td>10万~100万</td></tr>
<tr><td>清洗后</td><td>0~100</td><td>2万~9万</td><td>0</td><td>100~1000</td><td>0~100</td><td>0~1000</td></tr>
<tr><td>仔细洗后</td><td>0</td><td>100万~1万</td><td>0</td><td>0</td><td>0</td><td>0</td></tr>
</table>

第三节　紫外线杀菌技术

紫外线杀菌技术是利用紫外线照射物质，使物体表面的微生物细胞内核蛋白分子构造发生变化而引起死亡。由于紫外线穿透性差，一般情况下紫外照射主要用作食品工厂车间、设备、包装材料的表面以及水杀菌。另外紫外线照射也可以结合其他一些强氧化剂如臭氧、过氧化氢等处理进行杀菌。近年来紫外线用于透明液体的杀菌获得发展，紫外线照射在果蔬汁中的应用也引起了重视。

由于紫外线的波长不同，其物理化学作用也不同，而且对生物生理上的作用也不同。如表4-6所示，它可以分为UV-A（315~380nm），UV-B（280~315nm），UV-C（100~280nm）三类。UV-A有附着色素及光化学的作用，称化学线；UV-B有促进维生素生成（特别是促使生成维生素D）的作用，称为健康线；UV-C具有杀菌作用，又称为杀菌线。

表4-6　辐射的波长范围和分段

波长	波段区分	主要应用实例
紫外线1~400nm	真空紫外1~200nm	杀菌、洗净，光化学蒸汽
	UV-C100~280nm	
	UV-B280~315nm	眼球伤害、红斑，照相平印术
	UV-A315~400nm	光重合，印刷
可见光	360~830nm	植物合成，植物形态形成
红外线780nm~1mm	IR-A780~1400nm	光通讯，遥感
	IR-B1.4~3μm	加热、加工、干燥
	IR-C3μm~1mm	

现代紫外线消毒技术是于现代防疫学、光学、数学、生物学及物理化学的基础上，利用特殊设计的高效率、高强度和长寿命的C波段紫外光发生装置产生的强紫外C光照射流水、空气或固体表面，当水、空气或固体表面中的各种细菌、病毒、寄生虫、水藻以及其他病原体受到一定剂量的紫外C光辐射后，其细胞中的DNA结构受到破坏，从而在不使用任何化学药物的情况下杀灭细菌、病毒以及其他致病体，达到消毒和净化的目的。

一、UV-C紫外线杀菌原理

到目前为止有关紫外线杀菌机理的报告很多，但大部分未能做出清楚的解释。其中以形成二聚物较具说服力而成为紫外线杀菌的一种主要学说。

在紫外线的照射下，一般会对菌体染色体带来如下变化：切断磷酸二酯键结合，切断核酸和蛋白质结合，生成胞嘧啶的水合物，生成嘧啶异构物二聚体。

微生物受紫外线照射时最容易受影响的是其体内蛋白质和核酸。尤其是可诱导DNA中的胸腺嘧啶二聚体的形成，从而抑制DNA的复制和细胞分裂，乃至使其受伤甚至死亡。

当胸腺嘧啶与环丁烷形成二聚物时，DNA与氢键和前后4个碱基扭在一起而偏斜，使遗传密码处于不能发挥作用的区域，致使微生物死亡。

有实验表明波长为230nm、250nm和280nm的紫外线分别能形成60%、90%及80%的胸腺嘧啶二聚物。

紫外线虽然对所有的微生物都有效，但由于菌体、菌株的育成环境（温度、湿度）不同，菌类的抵抗性也有大的差异。紫外线的波长、照射强度和照射时间都与紫外线的杀菌作用大小有关。细菌在紫外线照射下的残存率与有效照射强度和照射时间的乘积（即曝光量）有关，且前者随后者成指数函数关系而下降。

二、可见光、UV-A紫外光的间接杀菌作用

（一）光、活性氧杀菌

可见光、近紫外光的能量小于4eV，不具备直接杀菌的功效或杀菌效能很低。但有时候当光被细菌以外的物质吸收，或被细菌所含的某种成分吸收，也会产生杀菌效果。这种吸收光的物质称作光增感物质。此时，光在与增感物质作用的过程中，会形成与分子态氧相关的一系列物质——活性氧，这种物质具有杀菌作用。

（二）UV-A紫外线杀菌

在氧存在的条件下，UV-A紫外光（近紫外光）、可见光的杀菌效果更明显。正如前面所讨论的一样，由于细胞内增感物质和氧的作用，杀菌效果可能会更好。远紫外光虽有较强的杀菌力，但同时也诱发了菌体相应的变异效果，而近紫外光则完全不会导致诱发变异。也就是说，近紫外光杀菌不是以DNA为目标的，其效果在重水中实验会更明显。与外部增感物质一样，都是由于活性氧的作用。有人指出在近紫外光和氧作用下，受损伤的部位在细胞膜，受损伤的原因是细胞膜脂质中的脂肪酸，特别是不饱和脂肪酸的氧化而生成了游离基。如果降低培养温度，则会增大细胞膜不饱和脂肪酸的含量。因此，低温培养的菌，对近紫外光的敏感性更强。

即使是好气性细菌，由于其细胞内膜中存在呼吸系酶，在细胞内是厌氧的。这是因为近紫外光的目标物只作用于细胞膜。但因为干燥菌体或冻结菌体不受呼吸系酶的影响，故细胞内氧浓度应该会增加。金黄色葡萄球菌在相对含湿量越低的条件下，其近紫外光敏性就越高。

（三）光动力学杀菌

在菌体之外加上对光的增感物质，在有氧的状态下，将它置于可见光或近紫外光的照射下，便生成活性氧，这样的杀菌方法称作光动力学杀菌法。

可见光和紫外光可以由于光子能量的作用直接激发生物体高分子而使其发生

变化，并可以在激发增感分子后产生活性氧，以获得间接杀菌作用。

远紫外光被DNA吸收，营养细胞在生成胸腺嘧啶环丁烷形二聚体后，当这个伤口无法修复时便会死去，因为营养细胞的紫外线耐性决定了它的修复能力。孢子因为能生成易修复的胸腺嘧啶附加体，因此它的紫外线耐性高。

近紫外光在菌体内和菌体外的增感物质和氧的作用下，生成活性氧而使菌死去。这时活性氧对菌体的致伤部位是细胞膜。

可见光和紫外光几乎不会在被照射体内生成不灭的二次生成物，对照射装置也更安全，因此可以说它是最安全的杀菌方法。特别是远紫外光，由于已经开发出了高能量的照射装置，因此今后它的使用频率一定会越来越高。其缺点是穿透性不强。与此相反，近紫外光虽然能量低，但因为穿透性很强，在开发新的增感物质的同时，近紫外光今后也大有发展前景。

三、紫外线杀菌装置

（一）高能紫外线杀菌装置

（1）高能紫外线灯

现时使用的紫外线来源都是低压水银灯，它发出主波长为254nm的紫外线。低压水银灯杀菌的射线能效率非常高。如果将传统的杀菌灯内增加输入功率，发光管管壁温度就会升高，水银蒸气压相应也会上升，温度到40℃以上时，杀菌射线的输出功率会随之变低。为了解决此类问题，必须采取下列几项措施。

1.开发能承受高负荷、寿命长的电极。

2.开发能够获得最佳水银蒸气压的发光管管壁温度调控方法。

3.改良封入气体及构成材料。

传统杀菌灯与高能杀菌灯的比较，参见表4-7。

表4-7　传统杀菌灯与高能杀菌灯的比较

项目	传统杀菌灯	高能杀菌灯
玻璃种类	能透过紫外线的玻璃	（没有臭氧发生的）石英玻璃
灯的功率	2~40W	200~1000W
灯的负荷（单位长度灯的功率输入）	约0.4KW/cm	约5W/cm
灯内构成材料	水银，稀气体	水银，稀气体
电流	0~100mA	0~10A
电极结构	在钨丝上涂布电子放射物质（和荧光灯相同）	使用钨丝，但在灯上加了耐电流的氧化极
灯管壁温度控制	没有	有（使用冷却水）

(2) 高能紫外线杀菌装置的种类和性能

许多公司现正在将上述的高能紫外线灯同照射器、电源等配套而成商品化的高能紫外线杀菌装置。其照射器的窗面都可以达到约100mw/cm^{2}的较高杀菌辐照度，这也正是这些装置的特征。

在这样的高照度下，黑曲霉只需2.2s，大肠杆菌只需0.05s就可以达到99.9%的杀菌效果。传统的杀菌灯（15W）对黑曲霉要达到同样的杀菌效果约需照射40min，因此说高能杀菌装置的效能是不言而喻的。

（二）高能表面杀菌装置

以日本岩崎电器股份公司生产的高能表面杀菌装置为例，该装置的特点是采用了冷却水循环方式，装置由照射部件、电源部件、水温控制部件构成。高能表面杀菌装置紫外灯是夹套管水冷结构，温度为43℃±1℃的冷却水流经发光管的外壁。因此即使周围温度发生变化，发光管内的水银蒸气压也能维持在一定水平，杀菌辐射线的输出功率变化很小。杀菌射线的输出功率稳定也是该装置的特征。如果将该装置放在室温20℃下，循环水（纯水）的初始温度为20℃，实际运转时水温和杀菌线输出功率的时间产生变化。

四、紫外线杀菌在肉类及肉制品工业中的应用

在开发利用UV的食品杀菌装置方面，多是以小腊肠及水产制品等表面较为平滑的食品为对象。不同菌种对UV的感受性不同，一般在初发菌数不多的时候，就有可能达到降低2个数量级的减菌效果。初发菌数的减少意味着食品的保质期趋于延长。从表4-8中可以看出，3种食品在UV照射后，以10~15℃保存时可以延长5d。

表4-8 UV照射对延长食品保存期的效果

食品	延长保存期时间	备注
小腊肠	5d（10℃）	羊肠衣，猪肉
烤鱼卷	5d（15℃）	14d（5℃）
竹叶鱼糕	5d（12℃，充气包装）	9d（真空包装）

众所周知，UV是食品杀菌的有效手段，但在实际生产中将它用于食品制造时，如果要充分地发挥其效果，必须注意如下几点。

第一，只限于表面杀菌。UV终究是一种光线，因此其杀菌效果只限于光能照射到的部分。这就意味着如果食品表面有凹凸情况，且造成较大面积阴影时，UV杀菌就不会有效。

第二，要防止UV的泄漏。防止UV的泄漏是杀菌装置制作上的问题，如果裸

眼受到泄漏UV的照射，就会出现和雪盲相同的症状，泪流不止，眼睛睁不开。出于安全的考虑，必须对光进行充分的遮蔽。

第三，应用于初始菌数低的产品。对于初始菌数较多的食品，由于菌类发生重叠的可能性很大，即使表面的菌杀死了，但UV无法到达下面的菌，杀菌效率就比较低。

例如，将菌均匀地接种在培养基上，用UV照射后再计算菌的总数。当剂量在60mw•s/cm^{2}以下时，三种菌的残存率都急剧下跌，此后即使增大UV剂量，残存率还是呈缓慢下降的趋势，杀菌效果变弱。例中培养基表面比普通食品的表面更平滑，菌的分散情况也更理想。但实际的食品表面由于附着有空气中浮游菌等，受二次污染的情况较多。这些污染菌附着在细小的尘埃上，在空气中飘浮，当附着在食品上时，由于UV被尘埃所阻隔，杀菌效果会变得更差。而且附着菌后，随着时间的推移，菌发生增殖交错重叠在一起，从而引起隐蔽效果，这也与杀菌效果变弱有关。从以上论述来看，隐蔽效果的大小是由食品的表面状态和初始菌数的多少决定的。从经验来判断，最好是利用初始菌数在10^4/cm^{2}以下的食品。

当把UV杀菌真正运用到食品上时，经常会出现其效果比文献等显示的数据要低。因此不能照搬文献上的数据，要将上述事实都考虑进去，来判断UV的效果。

第四，防止UV杀菌后的二次污染。UV杀菌后的再污染是UV利用上最大的问题。无论UV将菌数减少了多少，从杀菌机到包装这段工序中再受污染的例子很多。初始菌数为10^4/cm^{2}的食品，从UV杀菌机出来时菌数已减到了10^4/cm^2，包装后产品的菌数又回到了10^4/cm^2，如此一来UV杀菌的应用就无任何意义。这一点在后面肉制品应用实例中将详细说明。如果UV杀菌机后续的生产线无法保持在接近无菌的状态，那么将很难利用UV对食品进行表面杀菌。

（一）肉类紫外杀菌实例

刚宰杀的鲜肉内部处于无菌状态，包装后再进行杀菌就不会在生产线上受再污染。另外，鲜肉的不同部位污染程度也不同，在清洁的工厂里处理后的初始菌数为10^4~10^5/cm^2，能够满足上述各项条件，因此可以利用UV杀菌。

（1）肉类紫外杀菌装置

首先在隧道上部装上输送带，输送带上方安装28盏65W的UV灯，建成一台能够在鲜肉表面产生45mw/cm^{2}的UV辐照强的装置。UV的照射时间可以通过改变输送带的速度来调节，若设为15s，则利用了UV的曝辐量（剂量）为675mw•s/cm^{2}的高能量的照射。UV对微生物的杀菌效果是由UV的照度和照射时间之乘积决定的，因此，曝辐量的大小就成了比较和评价杀菌力的基准。

（2）包装膜的紫外穿透性

利用UV杀菌处理包装好的食品时，包装膜的UV穿透性至关重要，对穿透性的测定同样也可用照度测定仪，给UV传感器覆盖上包装膜，从膜的上方用UV照射求取照度。实验时可利用聚偏二氯乙烯系列膜，以波长253.7nm附近的UV射线照射，其穿透性为80%。

（3）紫外照射后的即时杀菌效果

作为试验材料，选用牛肉的肩部肉、里脊肉、排骨肉、腿肉等部位。将这些牛肉以切割整形，用聚偏二氯乙烯膜（厚50μm）真空包装，然后用UV照射。再通过收缩包装将膜贴封在肉上，用冷机进行冷却，然后剥去膜，检测肉表面，计算附着的菌数。作为对照，每一部分的肉都另取一块，进行同样的前处理，但不经UV照射，处理好后用冷机冷却后不拆开包装，而是在-2~0℃的水温下保存，以测试其效果。

表4-9所示，与对照组相比，照射组的菌数减少了1~3位数。表中所列3种菌群的UV敏感性虽看不出什么差异，但由于肉的部位不同，就会有像排骨肉那样很难杀菌的情况。排骨肉位于肋骨周围，是腹部的肉，该部位在脱骨后会有很大的凹凸，容易产生阴影效应，与里脊肉和腿肉相比，UV照射效果就不同。

表4-9　真空包装生牛肉的杀菌效果

单位	一般细菌数		乳酸菌数		大肠菌数	
	对照组	照射组	对照组	照射组	对照组	照射组
里脊	1.8×105	1.7×103	2.9×104	6.7×103	6.8×102	7.8
排骨肉	3.0×104	4.3×103	1.3×104	6.1×103	1.2×102	1.6×10
腿肉	1.1×107	4.3×104	3.5×105	4.1×103	8.8×103	2.2×102

（4）紫外照射对脂肪的影响

由于UV波长短，带有很高的能量，因此氧化性很强，为检测其对食品脂肪的影响，把牛肾脏周围覆盖的脂肪块肾脂板油放在UV下照射，然后测定其过氧化物价，以确定脂肪的氧化程度。在UV照射后，立即将膜剥掉，薄薄地刮下肾脂表面，测定过氧化值（POV值）。对照组是放在冰点下保存，在第29天时也测定POV值。结果如表4-10所示，表中的数字说明经UV照射后，脂肪仍然保持鲜度。

表4-10　UV照射对肾脂（板油）POV值产生的影响

保存天数/d	对照组	照射组
0	0.64	1.93
29	1.27	1.12

（5）紫外照射提高保存性

细菌总数是指用含擦拭液的灭菌纱布将肉表面$100cm^2$上细菌擦下来，测定并计算其平均每平方厘米上的细菌数、乳酸菌数、大肠菌数的总数。检定的作为腐败指标的挥发性盐基氮（VBN）的量，见表4-11。

表4-11 UV照射对牛肩部肉的VBN值产生的影响

保存天数/d	对照组	照射组
0	10.1	9.7
29	17.7	13.6

选择有代表性的部位是表面比较平滑的腿肉和多凹凸易产生阴影效应的肩部肉。在冰点保存过程中，菌数的变化以腿肉为例，与对照相比，UV照射区的菌数在开始时低1.5位数，这个差别一直保持到第13天。在第13天，照射组的菌数比对照组第一天的值还低。从细菌学的角度来看，如果用UV照射，商品品质至少可以保存2周时间。从肩部肉来看，第一天照射区的菌数比对照区低0.5位数，但这个差值随保存时间的延长而减小，到第29天时，几乎就没有了差别，肩部肉似乎会出现阴影效应。

如表4-12所示，照射与否，菌数几乎都已达到了相同的水平；腿肉和肩部肉两者的汁水流出量和产气都差不多，但是开封时的外观和气味还是以经过UV照射的明显好得多，尤其是肩部肉的酸败臭得到了很好的抑制。对照样在开封时能闻到刺鼻的气味，而照射样的与保存测试开始时的气味几乎没有区别。说明经照射的产品还是较新鲜一些。

表4-12 UV照射前后生牛肉的保存性与感官检验结果

评价项目	腿肉（保存第13天）		肩部肉（保存第29天）	
	对照组	照射组	对照组	照射组
开包装前菌数	4.50	4.75	4.50	4.75
外观		肉色良好		肉色良好
汁液量	±		±	±
产气量	—	—	—	
气味	—	良好	弱酸臭	良好

注：评分标准：外观臭味：优（5），良（4），一般（3），差（2），失去商品价值（1）；汁液量、产气量：没有（—），少量（±），有（+），很多（++）。

（二）肉制品紫外杀菌应用实例

肉类加工品的代表性产品是火腿和香肠，对于火腿等简单加工品可以利用上述肉类相同的方法进行杀菌。以小腊肠为例说明紫外杀菌方法及效果。

小腊肠紫外杀菌装置。由于小腊肠又短又小，所以如果只是让它在输送带上经UV隧道里过一遍，还不能让UV均匀地对它进行照射。将振动输送带和栅条筛组合起来的一种杀菌装置，送到栅条筛上的小腊肠被弹跳到斜上前方。其间由屏幕夹着的摆好位置的UV灯可以对小腊肠进行均匀地照射。此时所需的UV剂量比照射到裸露且表面光滑的食品如肉类上必须的UV剂量要小，有120（mw•s）/cm^2就足够了。

第四节 欧姆杀菌技术

欧姆杀菌是一种新型加热杀菌方法，它是利用电极，将电流直接导入食品，由食品本身介电性质产生热量，以达到直接杀菌的目的。

欧姆加热技术始于1882年，Flower首先研制了用于加工肉和鱼的装置，1897年Jones发明了用于液体杀菌的欧姆加热装置。20世纪初曾有学者提出了欧姆加热的概念，并逐渐有了利用电能加热物料的专利技术。成功的商业技术是20世纪20年代发展起来的，主要用于牛奶的杀菌消毒。到30年代后期，已有50多个装置在美国运行。因当时存在技术和材料上的难题，同时其他能源如石油、天然气等变得便宜，导致该技术逐渐衰退，但人们为了促进欧姆加热技术的应用和发展做着不懈的努力。20世纪60年代，Schade用的电流去烫漂浸在电解液中的脱皮土豆，使土豆温度在3min内升高80℃；20世纪70年代，Roslonski、Danilesko等人研制出可用于加工法兰克福香肠、比萨饼、汉堡包的加热装置。1984年英国APV Baker公司设计制造连续式欧姆加热器，应用于流体食品的加热杀菌研究。日本植村邦彦博士1993年研究了日本酱的欧姆加热杀菌，1996年研究了日本白萝卜的通电加热加工，并用有限元法分析了欧姆加热中的温度分布及测定热传导率，1998~2002年又研究开发了一种利用高电压交流电钝化盐水中大肠杆菌的新装置。由于欧姆杀菌技术具有升温快、加热均匀、无污染、易操作、热能利用率高、加工食品质量好等优点，因此近年来在食品工业中发展速度较快。

一、欧姆杀菌基本原理

由于大部分食品是含有适度溶解盐离子的水溶液，具有良好的导电性，根据欧姆定律，将电流通过液态的物料通道即可对物料进行加热，加热与食品导电率均匀性和食品在电阻加热器中停留时间有关。欧姆杀菌是将需杀菌食品作为电路中一段导体，其电导方式是离子的定向移动，如电解质溶液或熔融的电解质等。当溶液温度升高时，由于溶液的黏度降低，离子运动速度加快，水溶液中离子水化作用减弱，其导电能力增强。由于大多数食品中含有可电离的酸和盐，当食品物料两端施加电场时，食品物料中通过电流并使其内部产生热量。当物料不导电时，此方法不适用。对于极低水分、干燥状态的食品，这种方法也不适用。

欧姆杀菌的机理据初步探讨有两方面的原因：一方面由于通电加热致使温度升高而灭菌，另一方面是因为在通电的两电极间的菌体细胞由于受到所加电场的作用导致菌体细胞膜的破坏而灭菌。欧姆杀菌可将液状食品中的大肠杆菌、酵母菌、芽孢杆菌杀灭。对于一些难以杀死的微生物，可通过高压欧姆杀菌，即将欧姆加热装置置于一定压力的惰性气体中，提高杀菌效果。

二、欧姆杀菌装置

（一）装置

欧姆杀菌装置主要由泵、柱式欧姆加热器、保温管、控制仪表等组成，其中最重要的部分是柱式欧姆加热器，其由4个以上电极室组成，电极室由聚四氟乙烯固体块切削而成，包以不锈钢外壳，每个极室内有二个单独的悬臂电极。电极室之间用绝缘衬里的不锈钢管连接。可用作衬里的材料有聚偏二氟乙烯（PVDF）、聚醚醚酮（PEEK）和玻璃。

欧姆加热柱以垂直或近乎垂直的方式安装，杀菌物料自下而上流动。加热器顶端的出口阀始终是充满的。加热柱以每个加热区具有相同电阻抗的方式配置。因此，一般沿出口方向相互连接管的长度逐段增加。这是由于食品的电导率通常随温度的升高而增大。实际上，离子型水溶液电导率随温度而增大呈线性关系。这主要是温度提高加剧了离子运动的缘故。这一规律同样适用于多数食品，不过温度升高黏度随之显著增大的食品例外，例如含有未糊化淀粉的物料。

（二）欧姆杀菌流程

具有一定黏度、含颗粒的食品经泵泵到欧姆加热器中，以垂直于电场的方向流过欧姆加热柱，物料在2min内被加热到需要的温度，在该温度保温30~90s，达到要求的灭菌强度，然后快速冷却、无菌包装。步骤为：

（1）设备消毒

欧姆加热器、保温管和冷却器用温和盐溶液循环消毒。溶液的浓度调节到使其电导率接近将处理的物料。无菌储存罐、交替储存罐和管路系统用蒸汽消毒。

（2）杀菌操作

全部设备灭菌后，灭菌用的溶液用板式换热器冷却，达到稳定状态后，将消毒溶液排掉或收集起来；食品由正位移泵引入系统。交替储罐的背压通过调节交替储存罐的顶部压力来控制，一般用压缩空气或氮气。该罐用来收集溶液和产品的交替部分。交替的产品收集完毕，产品就可转移到主要的无菌储存罐中，其顶部压力的调节同交替储存罐类似。处理高酸食品时，背压为2×10^5Pa，温度为90~

95℃；处理低酸食品时，背压为4×10^5Pa，温度为120~140℃。产品加热到指定温度后进入绝缘的保温管后，在一系列的管式换热器或低速刮板换热器中冷却，管式换热器对颗粒的机械破坏要小一些。冷却后进入无菌包装。

（3）清洗

产品处理完之后，系统用水浸泡及2%的70℃NaOH循环清洗30min。产品的固形物含量小于40%时，可将欧姆加热和传统加热处理结合起来。把产品分成两部分，一部分是高固形物含量（80%）的固液混合物，一部分是液体。液体用传统方法灭菌，并用板式或管式换热器冷却，然后与从欧姆加热保温管离开的固液混合物混合。

（三）欧姆杀菌产品品质

欧姆加热处理的食品与传统罐装灭菌的食品相比，由于欧姆加热是连续性灭菌处理，其品质获得很大的改善。具体表现为微生物安全性，蒸煮效果及营养保留方面大大优越于传统法。

对照含牛肉丁和胡萝卜丁的一种肉汤食品，制备了藻朊酸钠模拟颗粒的溶液，并将已知量的嗜热脂肪芽孢杆菌的芽孢加到溶液中，在$CaCl_2$溶液中浸泡硬化而成颗粒立方体。将颗粒立方体加入料筒，并用45KW的欧姆加热装置加热，计算的杀菌条件是液相的理论杀菌值F_0值为32。杀菌之后，回收接种的小方块并测定存活的芽孢数，见表4-13。胡萝卜丁所受的热杀菌F_0值为28.1~38.5，而肉丁的F_0值为23.5~30.5。

表4-13　嗜热脂肪芽孢杆菌的欧姆杀菌致死率测试结果

产品	藻朊酸钠颗粒形式	F_0值范围	平均F_0值
肉汤中的牛肉	牛肉（$19mm^3$）	23~30.5	27.0
肉和胡萝卜	胡萝卜（$19mm^3$）	28.1~38.5	33.7
肉汤中的牛肉	牛肉（$19mm^3$）	28.0~38.5	32.5
肉和胡萝卜	牛肉（$19mm^3$中$3mm^3$芽孢珠）	34.0~37.5	37.0
	胡萝卜（$19mm^3$）	23.1~44.0	35.6
	胡萝卜（$19mm^3$中$3mm^3$芽孢珠）	30.8~40.2	37.1

颗粒的加热直接来自电阻加热，其加热水平与液相所受的加热水平相仿。如果颗粒是用常规的方法，譬如在管式或刮板式热交换器中通过液相的热传导来加热，则颗粒中心的理论F_0值将仅有0.2。

从接种颗粒得到的值范围较窄，这也证明颗粒流经欧姆加热系统的停留时间分布没有很大的差异，说明颗粒的加热是直接加热而不依赖液相热传导加热的另一个优点。

对整个颗粒所受到的致死作用与颗粒中心所受到的致死作用做了比较。颗粒的制作方法同上所述，1/2作为整颗粒，另外1/2在颗粒中间加入已知芽孢量的藻朊酸钠小珠后再形成立方体颗粒。对胡萝卜，得到的F_0值，全颗粒为23.1~44.0，而中心则为30.8~40.2。牛肉颗粒的F_0值，全颗粒为28.0~38.5，而中心则为34.0~37.5。表明颗粒中心的热处理类似于全颗粒的，颗粒中心与颗粒外部边缘的热处理差异不大。

欧姆加热的另一大优点是它对营养物的破坏较小。因此，为了把蒸煮反应降至最低程度，在最高杀菌温度下加热速率越快越好。然而按常规的加热方式，对含大颗粒食品的杀菌，当温度高于130℃，液相必受到严重的加热处理。如果试图将粒径25mm的颗粒加热至135℃，则液相的F_0值近似150，这是严重的过热处理。然而，对15mm粒径的颗粒进行130℃的杀菌，液相的F_0值仅略高于25。说明了为什么罐头杀菌，尤其是含大颗粒的罐头食品杀菌温度通常不超过125℃。

造成常规加热处理缺陷的另一个因素是热量穿透至颗粒中心所需的时间。说明了颗粒中心杀菌值到达F_0=5所需的杀菌时间与液相温度、粒径间的关系。当粒径大于15mm时，连续加热所需的保温时间将超过5min，这样，保温管的长度就非常长。这也是常规加热方法不适合于含大颗粒食品的原因。

常规加热处理含颗粒食品时还应考虑固液比，通常颗粒含量限制30%~40%，以保证有足够的热流体加热固体颗粒。此外，黏度也不能过大，因为黏度升高导致液体与固体之间的传热速率降低。

然而，若采用欧姆加热，则颗粒被直接加热，且杀菌温度可达140℃（工作温度受欧姆加热器塑料衬里成分的限制）而不存在任何液相过热处理。更重要的是，欧姆加热器能处理高颗粒密度、高黏度的食品物料，有利于使停留时间分布减至最小。

第五节 超高压杀菌技术

食品超高压杀菌技术就是将食品在100MPa以上的压力、常温或较低温（<60℃）下，及适当的加工时间内，引起食品成分非共价键的破坏或形成，使食品中的酶、蛋白质、淀粉等生物高分子失活、变性或糊化，达到杀死食品中的细菌等微生物、改善品质的目的。

首先，采用超高压技术处理食品，能在常温或常温附近的温度下达到杀菌、灭酶的作用，减少了高温引起的制品中活性、营养成分的损失和色香味的变化，而且对制品的质构等品质有一定的改善。其次，超高压处理过程的传压速度快、均匀，在处理室内不存在压力梯度和死角，处理过程不受食品的大小和形状的影响，制品各向受压均匀，只要制品本身不具备很大的压缩性，超高压处理并不影响制品的基本外观形态和结构。另外，超高压处理过程中主要在短暂的升压阶段消耗能量，而在恒压和降压过程一般不需要输入能量，因此，整个过程耗能很少，超高压处理使用的传压介质一般是水或油等压缩比较小的液体物质，超高压容器并不存在“爆炸”的危险。

目前，可利用超高压杀菌的食品种类繁多，既有液体食品，又有固体食品。其中生鲜食品有蛋、肉、大豆蛋白、水果、香料、牛奶、天然果汁、矿泉水等，发酵食品有酱菜、果酱、豆酱、酱油、啤酒、原浆酒等。此外，超高压处理还可用于陈米的糊化等方面。

一、超高压杀菌原理

微生物的热力致死是由于细胞膜结构变化、酶失活、蛋白质变性、DNA损伤等主要原因引起的。而超高压是破坏氢键之类弱结合键，使基本物性变异，产生蛋白质的压力凝固及酶的失活，以及使菌体内成分产生泄露和细胞膜破裂等多种菌体损伤。

高压会影响细胞的形态。细胞内含有小的液泡、气泡和原生质，这些液泡、气泡和原生质的形状在高压下会变形，从而导致整个细胞的变形。研究表明，细胞内的气体空泡在0.6MPa压力下会破裂。埃希氏大肠杆菌的长度在常压下为1~2μm，而在40MPa下为10~100μm。

高压对细胞膜和细胞壁也有一定的影响。在压力作用下，细胞膜的磷脂双层结构的容积随着每一磷脂分子横切面积的缩小而收缩。加压对细胞膜常常表现出通透性的变化和氨基酸摄取的受阻。当压力为20~40MPa时，细胞壁会发生机械性断裂而松懈；当压力为200MPa时，细胞壁会因遭到破坏而导致微生物的细胞死亡。压力对微生物的抑制作用还可能是由于压力引起主要代谢酶或蛋白质的失活。众所周知，酶是有催化活性的一类特殊蛋白质，是由多种氨基酸以肽键结合形成链状的高分子物质。酶蛋白的高级构造除共价键外，还有离子键、疏水键、氢键和二硫键等较弱的键。当蛋白质经高压处理后，其离子键、疏水键会因体积的缩小而被切断，从而导致其立体结构崩溃，蛋白质变性，酶失活。一般来说，100~300MPa压力下引起的蛋白质变性是可逆的，但当压力超过300MPa时，蛋白质变性是不可逆的。

同样，凡是以较弱的结合构成的生物体高分子物质，如核酸、脂肪、糖类等物质都会受到超高压的影响，从而使生物体的生命活动受到影响甚至停止，这就是高压处理可达到杀菌目的的机理。

二、超高压设备

近年来，超高压处理技术的发展十分迅速，其应用领域在不断扩大，除应用于杀菌以外，还应用于食品加工、药物提炼和合成以及其他加工工艺上，并取得了很大成功。日本在超高压杀菌设备的研究开发方面处于世界领先地位，包括三菱重工、神户制钢和日本钢管等公司均可提供成套的超高压杀菌设备。

超高压杀菌设备的主要部分是超高压容器和加压装置（高压泵和增压器等），其次是一些辅助设施，包括加热和冷却系统、监测和控制系统及物料的输入输出装置等。用于食品和生物制品杀菌的超高压设备应能产生并承受要求的超高压（100~1000MPa），保证安全生产，有较长的使用寿命，循环载荷次数多（目前一些设备的使用次数可达 1×10^6 次），因此容器及密封结构的设计必须正确合理的选用材料，要有足够的强度和抗应力疲劳性能，同时应满足卫生条件要求、价格便宜、操作费用低等。

（一）超高压杀菌设备种类

（1）按照加压方式分类

按照加压方式的不同，超高压杀菌设备可分为内部加压式（或倍压式）和外部加压式（或单腔式）。不同加压方式的超高压杀菌设备的特征对比见表4-14。

表4-14　不同加压方式的超高压杀菌设备的特征对比

项目	内部加压方式	外部加压方式
结构	超高压容器、加压缸均纳入承压架内，整体体积大	承压框架内只有超高压容器，结构相对简单，体积小
超高压容器容积	容积随升压减少，利用率低	容积恒定，利用率高
高压泵及高压配管	可用加压（油）缸代替高压泵，而不用高压配管	有高压泵及高压配管
保压性	只要高压容器内压媒泄露体积小于活塞行程扫过的体积才能保压	只有高压容器内压媒泄露体积小于高压泵排量就能保压，保压性好
维修	高压容器与活塞为滑动密封，维修较难，而加压缸压力较低，容易维修	高压容器为静密封，使用寿命长，维修较易，但高压泵维修较难
污染问题	一体型有污染的可能	对于处理物料和包装基本无污染

1.内部加压式

此种设备主要由超高压容器（高压腔）与加压缸（低压腔）组成。超高压容器与加压缸配合工作，在加压缸中活塞向上运动的冲程中，活塞将容器中的介质压缩，产生超高压，使物料受到超高静压作用；在活塞向下运动的冲程中，减压卸料。根据加压缸与超高压容器连接的形式又分为一体型和分体型，前者的加压缸与超高压容器连成一体，后者分开，通过活塞相连，活塞兼具超高压容器一端端头的功能。

分体型内部加压式超高静压装置的上部为超高静压容器，多用高强度不锈钢制造，传压介质可以用水；下部是加压缸，其加压介质一般是油。框架承受轴向力，移开框架可通过打开顶盖装卸物料。

近年来出现了双层结构（内外筒）的小型高压装置，外筒实际上是油压缸，并兼有存放高压内筒的功能。它属于内部加压式，故无需高压泵和高压配管，这样就缩小了整体结构。其内筒更换方便，适合实验室研究开发使用。

2.外部加压式

外部加压式超高压装置在外部加压方式中，超高压容器和加压装置分离，可用超加压泵和增压器产生高压介质，并通过高压配管将高压介质送至超高压容器，增压器为传压和增压的装置，它通过低压大直径活塞驱动高压小直径活塞，将压提高，压力增加的倍数为大活塞的横截面积之比，一般为20：1。小活塞中的传压介质直接通入超高压容器，其传压介质可以和大活塞中的加（传）压介质相同，也可以不同。一个增压器可以对单个或多个超高压容器加压，而且它还可用于控制降压的速率。加（传）压介质可以用水或油，和食品物料接触的介质多用水。被处理的物料一般经过包装置于超高压容器中进行加压，包装材料应选用耐压、无毒、柔韧、可传递压力的软包装材料。液体物料可以不经包装而本身作为传压介质进行处理。

（2）按照处理物料状态分类

1.液态物料超高压杀菌设备

根据液态物料超高压灭菌方式的不同，其对应设备可归结为两大类：其一，类似于固态食品的处理方式；其二，由液态物料代替压力介质直接用超高压处理。采用液态物料代替压力介质处理时，对超高压容器的要求较高，每次使用后容器必须经过清洗消毒等处理。由于液体食品的超高压灭菌可以实现连续化作业，因此其更有价值之处在于实现“超高压动态杀菌”的技术飞跃。

2.固态物料超高压杀菌设备

固态物料一般需经过包装后进行处理，由于超高压容器内的液压具有各向同压特性，压力处理不会影响固态物料的形状，但物料本身是否具有耐压性可能会影响物料处理后的体积。对于固态超高压食品的杀菌设备，其关键是超高压处理室中超高压容器的设计，也是整个装置的核心，为了将固态食品超高压灭菌技术转化为工业生产力，设计完善的超高压杀菌设备意义十分重大。

（3）按照处理过程和操作方式分类

1.间歇式超高压杀菌设备

由于超高压处理要求物料在设定的压力下保持一定的时间，这就意味着物料需在超高压容器中停留一定的时间，因此大多数的超高压设备为间歇式。间歇式超高压设备的适应性广，可处理液态、固态和不同大小形状的物料。

间歇式超高压杀菌在操作时与热杀菌处理的程序相似，先将经过包装的物料装进类似杀菌篮的容器内，然后将该容器放入超高压容器中，关闭容器。在超高压处理之前应排出容器内的空气，以避免因为压缩空气而造成的成本增加。升压到操作压力，恒压保持一定时间，然后卸压并取出物料。超高压处理包装好的食品时，残留空气会增加升压时间。

2.半连续式超高压杀菌设备

目前有用于处理液态物料（果汁）的半连续超高压设备具有一个带自由活塞的超高压容器，物料首先通过低压食品泵泵入超高压容器内，高压泵2将高压饮用水注入超高压容器内，推动自由活塞对物料进行加压。卸压时打开出料阀，用低压泵1通过饮用水推动活塞将物料排出超高压容器。出料管道和后续的容器必须经过杀菌并处于无菌状态，以保持超高压处理后的杀菌效果。处理后的物料应采用无菌包装。由多个单独的超高压杀菌装置并联使用，通过控制不同装置的进出料顺序可以实现物料的连续处理。由于物料是先杀菌再采用无菌包装，对包装材料和容器没有特殊要求。

3.连续式超高压杀菌设备

上述半连续式超高压处理设备已可以对液体食品实现连续化作业。真正的连续化处理设备需要解决物料的连续加压、保压和卸压过程，至今还没有用于生产的连续式超高压处理设备问世。据报道，压力达到100MPa以上的超高压均质机对液态物料中的微生物也有一定的杀菌作用，但其处理过程中往往带有强力的剪切作用和热效应，对压力的具体影响仍需进一步研究。

4.脉冲超高压杀菌设备

半连续或间歇工作的杀菌设备与短时循环程序结合可改造为以脉冲形式释放压力的超高压杀菌设备，研究表明多脉冲压力处理可提高酵母灭活速率，脉冲超高静压杀菌总的作用时间可以与一次常规压力处理的相同，但杀菌的效果要好于一次处理的。脉冲的频率、受压时间和未受压时间的比值和脉冲的波形（斜波、方波、正弦波或其他波形）等是脉冲超高压处理中的重要控制参数。

（4）按照超高压容器放置方式分类

按超高压容器的放置方式分为立式和卧式两种。生产上的立式超高压处理装置占地面积小，但物料的装卸需专门装置。与此相反，使用卧式超高压处理装置物料的进出较为方便，但占地面积较大。

（二）超高压杀菌装置

（1）整体结构

超高压杀菌装置的结构可分成倍压式和单腔式两大类。

1.倍压式

该结构通过高低腔的倍压关系可在高压腔内产生很大的超高压，对加压减压系统要求不高。该结构的另一特点是采用框架结构安装高低压腔，框架承受由高压引起的轴向力，从而使容器的端盖及其密封结构因受力大大减少，使结构设计和选材变得容易。腔体可以设计成具有较大的容积，但结构笨重、投资大。

2.单腔式

压力容器只有高压腔，通过加压系统（加压泵和增压器）产生超高压，对加压减压系统要求很高。其结构相对简单，密封结构可以设计得灵巧方便，符合快装快拆要求。

（2）超高压容器

超高压容器通常为圆筒形，为了增加筒体的承载能力，除适当增加筒壁厚度外，还可采用自增强的方法。通过对圆筒施加内压使内壁屈服，从而使内壁在卸压后产生预应力。这样在工作压力下，原应力最大的内壁应力降低，应力分布变得比较均匀，全部维持在弹性范围内，弹性承载能力提高，内壁的平均应力降低，疲劳强度显著提高。

压力太高时可能使筒体所受的应力大多超过材料的许用应力，单靠材料本身难以满足强度要求，需在筒体结构上进行强化。

三、超高压杀菌在饮料生产中的应用

Timson等人在有关牛乳的报告中指出，加压处理活菌数会减少，但在800MPa以上的压力下经30min加压仍很难完全杀死细菌芽孢。迄今为止的研究也发现耐热性很高的细菌芽孢其耐压性也偏高。要想大幅度杀死细菌芽孢，需在1000MPa的压力以上经长时间的加压。

但和牛乳及含乳咖啡等低酸性饮料不同，柑橘类果汁pH=4.0以下，导致果汁品质变低的原因菌是酵母、霉菌及乳酸菌等菌类中的一部分，通常耐热性很高的芽孢菌很难在果汁中繁殖。因此，即使不完全杀死带芽孢的细菌，也可以维持商业无菌的要求。而且pH越低，带芽孢细菌的耐热性越弱。另外，在pH低的果汁中很难繁殖出肉毒杆菌及病原性细菌。与中性饮料相比，果汁饮料用较低的压力杀菌条件就可以满足长期保存要求的特性。

（一）加压条件对杀菌效果的影响

对果汁加工厂分离的野生酵母菌株进行加压处理，其加压杀菌效果与加压压力、时间及与加热并用等因素有关。接种了野生酵母菌株的温州蜜橘果汁，在不同温度、压力条件下进行处理，要达到一定的杀菌效果，随着压力的升高，杀菌时间缩短；延长加压时间，杀菌效果提高。另外，与在室温下杀菌相比，在45℃下加压处理，杀菌效果明显提高，在不影响果汁风味的温度范围，加热与加压并用，可以提高杀菌效果，能在更低的压力、更短的时间下达到杀菌效果。Hite等人的报道中举出了大肠杆菌高压杀菌时，在15℃比在20℃杀菌效果更好的例子。说明与加热并用时，并不是温度越高越好，要选择适当的温度和压力。

（二）果汁状态对杀菌效果的影响

（1）果汁浓度的影响

果汁的浓度对加压杀菌效果的影响。接种了啤酒酵母，果汁浓度越高，杀菌效果越不理想。因此，高压杀菌法对浓缩果汁杀菌效果不理想。

（2）果汁pH的影响

接种S.bayamis的果汁加压处理的有关结果。随着压力的增加，菌数减少；不同pH下，几乎看不出加压杀菌效果的差异。因此，从pH=2.5左右的柠檬汁到pH=4.0左右的柑橘类果汁，它们的pH或者柠檬酸酸度的差异对加压杀菌效果几乎没有什么特别的影响，杀菌效果大致相同。

第六节 高压脉冲电场及脉冲光杀菌技术

高压脉冲电场杀菌是采用高压脉冲器产生的脉冲电场进行杀菌的方法。其基本过程是用瞬时高压处理放置在两极间的低温冷却食品。脉冲电场处理属于非加热处理，由于在常温常压下进行，处理后的食品与新鲜食品在物理性质、化学性质、营养成分上改变很小，风味、滋味无感觉出来的差异，杀菌的效果明显，可以达到商业无菌要求，特别适合于热敏性很高或有特殊要求的食品杀菌。同时由于杀菌时间短、能耗低，与传统的热杀菌处理相比，具有明显的优势，其在果汁及其他食品的加工中已显示出特有的优越性。

一、高压脉冲电场杀菌机理

目前相关的杀菌机理假说有细胞电穿孔模型、电崩解模型、黏弹性模型、电解产物效应和臭氧效应等，其中电崩解和电穿孔模型为较多人所接受。

（一）电崩解（electric breakdown）模型

微生物的细胞膜可看作是一个注满电解质的电容器，在正常情况下膜电位差很小，由于在外加电场的作用下细胞膜上的电荷分离形成跨膜电位差，这个电位差与外加电场强度和细胞直径成比例，如外加电场强度进一步增强，膜电位差增大，将导致细胞膜厚度减少，当细胞膜上的电位差达到临界崩解电位差时，细胞膜就开始崩解，导致细胞膜穿孔（充满电解质）形成，进而在膜上产生瞬间放电，使膜分解。当细胞膜上孔的面积占细胞膜的总面积很少时，细胞膜的崩解是可逆的；如果细胞膜长时间处于高于临界电场强度的作用，致使细胞膜大面积的崩解，由可逆变成不可逆，最终导致微生物死亡。

（二）电穿孔（electroporation）模型

电穿孔是由于微生物细胞在高压脉冲电场的作用下细胞膜上的双磷脂层和蛋白质暂时变得不稳定导致的一种现象。在外加电场的作用下其细胞膜压缩并形成小孔，通透性增加，小分子物质如水分子可透过细胞膜进入细胞内，致使细胞体积膨胀，最后导致细胞膜破裂，细胞内容物外漏，使细胞死亡。

（三）电解产物效应

由于脉冲放电的大电流及由此而产生的强磁场作用、电解电离作用，在液体物料中会产生许多种离子和基本粒子，如激发状态下的H^+、OH^-，H_2O离子团，O、H原子，O_2、H_2臭氧分子和光子等，它们在强电场的作用下极为活跃，有些基本粒子还能穿过已提高通透性的细胞膜而与细胞膜内的生命物质如蛋白质、核糖核酸等相结合使之变性、死亡，而产生的臭氧分子本身就具有很高的杀菌能力。

二、高压脉冲电场对微生物的致死动力学模型

高压脉冲电场杀菌技术，包含高压脉冲电场对微生物杀灭效果预测的数学模型的发展。这些模型是食品危害分析和关键控制点系统的重要部分，通过这些模型，食品加工者可以在设计的时候预测和控制食品的安全和货架期。一些用来描述微生物存活曲线的基础模型主要侧重于一级动力学关系。Hlsheger等是第一个提出在特定的脉冲电场强度条件下，建立描述微生物存活率的对数和处理时间之间关系的存活曲线模型。Peleg则提出微生物存活率和电场强度之间关系的Fermi方程。Reina等发现在特定电场强度下微生物存活率和处理时间之间的联系。钟葵等人研究了高压脉冲电场对酿酒酵母杀菌效果以及对比Log-Logistic模型和Weibull模型。

目前的高压脉冲电场处理下的杀菌效果研究，没有显示高压脉冲电场存活曲线可以用一级动力学解释。原因是过去的高压脉冲电场杀菌研究，一般是用指数

波脉冲。用指数波脉冲处理时，最多只有37%的脉冲宽度时间有杀灭效果，剩余时间高压脉冲电场所释放的能量只是用来加热处理液体的温度，而非杀灭作用；对于高压脉冲电场处理对象来说，当用方波脉冲处理时，脉冲宽度是真正的处理时间，方波脉冲应该是更适合于一级动力学研究。

微生物的失活程度与所处的电场强度E直接相关，假设在电场强度低于某个值时，该电场对微生物没有杀灭作用，称该值为临界电场强度，用E_c表示。

在$E<E_c$时，微生物数量不随电场强度的变化而发生变化；在电场强度大于临界值时，微生物存活数量随电场强度的增强而变化。假设微生物数量随电场强度变化程度与微生物的数量成正比，即呈一级反应关系，比例系数为k。

三、高压脉冲电场杀菌设备

高压脉冲电场杀菌系统的一般组成，其中，脉冲电源和处理室是其核心部分，测控系统包括温度测控、流量测控、脉冲电压波形的测量仪表等。系统的工作流程是：将待处理液体食品容器中的物料通过泵运送到处理室，接受脉冲电源提供的脉冲电场，进行杀菌处理，处理后的物料温度会略有升高，则需经过冷却系统进行冷却，随后放到已处理液体食品容器中存放。

（一）高压脉冲发生器

高压脉冲发生器是高压脉冲电场杀菌装置的核心部分。高压脉冲发生器用来产生10以上的脉冲，该高压脉冲被加到处理室电极的两极板上，在处理室内产生10/cm以上的强电场。已有的波形主要有振荡波、指数衰减波、矩形波和快速反向充电波，根据脉冲方向是否变换又分为单向波和双向波。

研究表明：振荡波对微生物的致死性最差，指数衰减波比振荡波好，且其产生的电路简单，适用于较大范围的实验采用。与指数衰减波相比，矩形波对微生物的致死性更强且能量效率更高，但它要求的电路较为复杂，需要一系列电容器和电感线圈且难以确定，价格更高，而快速反向充电波是最新开发的、最节能的一种波形。

（1）指数衰减波

指数衰减波脉冲是较常用的一种，它由电阻一电容组成的电路产生，结构比较简单，价格比较便宜，适宜于工业化应用。

由于在高压进行充放电控制，对电路的设计及元器件的要求非常高。指数形波形容易产生，但低于最高电压36.8%的电压无杀菌作用，却使食品的温度升高，浪费能量，这是其不利的一面。

（2）矩形波

矩形波产生电路由电容器组、电感、电阻以及放电开关组成，这种方法也是在高压进行充放电控制，对电路的设计及元器件的要求也非常高。相对于指数形高压脉冲发生器，矩形波脉冲发生器的制作成本高且调试麻烦。

（3）快速反向充电波

快速反向充电波电路由分流分压电阻、电感、电容器组及放电开关组成，这种电路可产生2个方向相反的脉冲波形，且可连续发送脉冲，因而杀菌效率较高。

（二）处理室

处理室与高压脉冲发生器相连接，它的主要作用是将高压脉冲电场传递给流经此室的液体食品，以达到杀菌的目的。处理室可分为静态分批式和连续式两种。静态分批式处理室规模小、考虑影响因素较少，不适于大规模工业化应用。为此，人们设计了各种连续式处理室，处理室内装有电极和冷却装置。处理室的电极主要有平行盘式、柱一柱式、柱一盘式、同心轴式等。目前所设计的处理室，绝大部分只能在实验室使用，远未达到工业应用的程度。有许多问题需要解决，如处理室液体食品流过的截面面积过小，还无法找出最容易出现火花放电的危险点以及处理室内电场均匀分布等问题。

（三）高压脉冲电场杀菌装置控制系统

高压脉冲电场食品杀菌装置控制系统能实现以下功能：控制输送泵的开启与关断；产生原始矩形脉冲信号；实时监测与调节杀菌工作电压，并在杀菌电压异常时快速中断脉冲电源供应；输出以下4个信号：输送泵的开关量控制信号、脉宽值、脉间值、脉冲电压值；在线调节脉冲电源参数即脉宽、脉间及脉冲电压值。

四、高压脉冲电场杀菌的应用

（一）筒式脉冲电场杀菌设备

筒式脉冲电场杀菌设备装置，它为不锈钢同轴心三重圆筒形状，中间和里面两圆筒之间的夹层部分为杀菌容器。外面和中间两圆筒之间可在需要时加冷却液，也控制内夹层杀菌容器内的温度。里面圆筒接脉冲电源正极，中间和外面圆筒接地。

（二）高压脉冲放电巴氏杀菌系统

高压脉冲放电巴氏杀菌工艺图包括五部分：脉冲电源（脉冲发生器）及其控制部分、杀菌室（连续式的或间歇式的）、液体食品输送泵、冷却装置、带计算机的数据处理系统。

杀菌室的功能是将电脉冲施加、分配给需要处理的液体食品中进行杀菌，它的结构很多，常见的一种为圆筒体，由2个圆盘电极（或装有多个放电点的管道）、1个装置室、2个盖组成，2个电极间充满需要处理的食品。电极一般由不锈钢制成，最好用耐电蚀的钛合金。装置室和盖由聚胺类、四氟乙烯、聚丙乙烯等绝缘而耐蚀的塑料，也有用不锈钢制成的。但由于放电击穿时液体带电，不锈钢容器也会带电，故不锈钢容器要很好接地之外还必须与外界绝缘，外表喷塑或装入更大的塑料容器。电极间的距离及参数须视具体的杀菌要求及效果而定。平行盘连续杀菌室一般用于液态食品巴氏灭菌，食品以连续操作方式通过杀菌室。在杀菌室内，2个电极间的温度可通过电极的循环冷却水装置来控制，也可利用电参数及杀菌时间进行控制。

五、脉冲光杀菌技术介绍

20世纪90年代初，美国圣地亚哥纯脉冲技术研究所推出了一项有望取代传统的物理和化学杀菌手段的专利新技术，它是利用瞬时的、高强度的脉冲光能量，有效杀灭暴露在食品和包装材料表面的包括细菌、霉菌、孢子、病毒、原生质、休眠孢子等在内的各类微生物以及食品中的内源酶。脉冲光杀菌新技术在食品、医药及包装材料上的应用已获得FDA的批准。目前，脉冲光杀菌技术已经应用于包装材料、加工设备表面、食品加工和医疗设备的表面杀菌。在无菌加工中，应用脉冲光代替化学消毒剂或防腐剂，可以减少或避免食品中不安全因素。

（一）基本概念及原理

脉冲光是利用连续的、宽频带光谱短而强的脉冲穿透物料，脉冲光穿透物料后不发生传输，而是以热量的形式消散在物料中。物料的表面和内层产生温度梯度，热量以热传导的形式从表面传递到内层，直到物料温度达到稳定状态。消散的热量和物料的热学性质决定温度达到稳定所需的时间。脉冲光只在物料表面持续极短的时间，比热传导的时间要短得多。脉冲光利用将功率扩大若干倍的工程技术能量，蓄积在电容器中，经过相对较长时间（约几分之一秒）的电能聚集，然后在短时间内（百万分或千分之一秒）释放出来做功，这样就能使功率放大。其结果是在工作循环周期内，仅消耗平均能量，就获得了相当高的能量，实现了瞬间杀菌。

脉冲光杀菌技术是采用强烈白光闪照的方法进行灭菌的技术，它的最基本结构是由一个动力单元和一个惰性气体灯单元组成。动力单元是向惰性气体灯单元提供高电压高电流脉冲的部件，为惰性气体灯提供所需的能量；惰性气体灯是在动力单元提供能量的基础上，发出由紫外线至近红外线区域的光线，其光谱与太阳光光谱十分相近，但强度却超出数千倍至数万倍来进行杀菌。

持续时间短的宽谱带脉冲闪光可以杀灭范围宽广的微生物，包括细菌、真菌和芽孢。持续时间范围是1μm~0.1s，一般应用的闪光速率为1~20个/s。大多数应用中在几分之一秒内，数个脉冲就可产生明显的杀菌效果。影响脉冲强光杀菌效果的主要因素是闪照次数、微生物数量、输入电压和物料本身。其中闪照次数影响最大，闪照间隔影响较小，标准流体（如空气和水）对光具有高度的透光性。但流体糖液或葡萄酒的透光度就有所降低，脉冲光几乎不能穿透不透明的物料，经过这些不透明液体物料，几乎所有的光都以热的形式消散在物料不超过1mm的表面内。脉冲光波长由紫外线区域至近红外线区，起杀菌作用的波段可能为紫外线，但其他波段可能有一定的协同作用。

（二）脉冲光杀菌设备

脉冲光的产生需要两部分装置完成，其一是具有功率放大作用的能量储存器，它能够在相对较长的时间内（几分之一秒）积蓄电能，而后在短时间内（微秒或毫秒级）将该能量释放出来做功，这样在每一工作循环内就会产生相当高的功率（而实际消耗平均功率并不高），从而起到功率放大的作用；其二是光电转换系统，它将产生的脉冲能量储存在惰性气体灯中，由电离作用即可产生高强度的瞬时脉冲光。脉冲光是一宽光谱白色闪光，波长范围从远紫外（200~300nm）、近紫外（300~380nm）、可见光（380~780nm）到远红外（780~1100nm），谱带的分配与太阳光相似。

脉冲光杀菌应用于食品工业主要是抑制包装材料表面、透明饮料、固体表面和气体中的微生物。美国的Jose和Dunn等人对脉冲光的杀菌进行了研究。结果表明：脉冲光对多数微生物有致死作用，比传统的紫外灯有更高的效率。我国的周万龙等人对脉冲光的研究表明：脉冲光闪照40次，可使大肠杆菌、枯草杆菌、酵母从每毫升105个减少到0个，淀粉酶活力下降70%，蛋白酶活力下降90%，对食品的主要成分没有造成破坏，可使面包保存期提高1倍以上。

（三）脉冲光杀菌技术的应用

（1）脉冲光杀菌技术在包装材料上的应用

脉冲光能杀灭包装材料上的微生物。包装材料受到1~20个高强度、持续时间短的脉冲光处理，在脉冲光具有足够强度时，可把厚度为10μm的薄层加热到50~100℃，热量仅局限在表面，而内部温度没有显著升高。脉冲光可以透过包装材料直接对食品杀菌，但必须使用透光性好的包装材料，包装材料必须能传输10%~50%的320nm的预设波长的光能，可以采用全光谱或选择性光谱杀灭特定的微生物。许多非苯塑料，如聚乙烯、聚丙烯、尼龙、EVA、EVOH等均具有良好的透过脉冲光的性质；但一些聚芳烃塑料，如PET、PC、PS、PVC等因不具备良好的透过光性，不能进行产品包装后的直接杀菌处理。脉冲光有望取代过氧化氢成为包装材料的主要杀菌手段。1993年在欧洲进行了二级试验，已经有食品公司在无菌牛奶、饮料生产线上应用这一包装杀菌工艺。

光谱过滤可以滤掉一些对食品品质有不利影响的波长，某些无菌加工过程的包装材料采用紫外组分较多脉冲光进行处理，既可减少微生物总数又可保证食品质量，同时又节约能量的消耗。

（2）脉冲光杀菌技术在食品中的应用

将脉冲光用于食品杀菌已经得到FDA的批准。在论证脉冲光处理食品的安全可靠性方面，针对食品中的化学成分（包括营养成分）及微生物菌群的变化做了大量试验。得出的结论是：脉冲光技术可有效减少食品表面的微生物数量；脉冲光能使食品中的酶钝化；经脉冲光处理的食品与未处理的相比，化学成分和营养特性没有显著的变化。在CFR修正案中，规定了食品中允许使用的脉冲光最大流量为12J/cm^2。脉冲光应用于食品中的益处是延长产品货架期、降低病原菌的危害、改善食品的品质以及提高产品的经济效益等。脉冲光在食品中的具体应用如下。

1.焙烤制品

焙烤制品处于烤炉条件下，一般的微生物均不能生存（热稳定性的芽孢属孢子除外），但是在烤后，冷却、切片和包装过程中会有二次污染，使产品在储存过程中出现霉变现象，脉冲光的处理可有效缓解此情况。对由聚乙烯袋包装的面包切片进行试验，未经处理的样品在室温下存放5~7d就有霉菌生长，11d后霉变现象相当严重；而过包装袋经脉冲光处理过的样品在室温下放置11d以上仍无霉变迹象。比萨饼经脉冲光处理的与未处理样品储存的对照试验，未经脉冲光处理的样品，7℃下在环境中暴露存放20d后，有30%出现肉眼可见的霉斑，而经过脉冲光处理的样品仍然完好；存放30d后，前者有80%以上长霉，而后者仅2%。同样，在面包切片、纸托蛋糕、白吉饼、玉米粉圆饼等焙烤制品上也得到类似的结果。

2.海产品

虾经脉冲光处理后，在冰箱中保存7d仍可食用，而未经处理的虾，出现由于微生物引起的降解、变色、产生异味等变质现象，完全失去食用价值。用脉冲数为4~8、强度为1~2J/cm^{2}的脉冲光处理虾，可使其货价寿命延长一周。鱼片经脉冲光处理后，无论从微生物角度，还是感官质量方面均得以改善。水产品中接种李斯特菌或沙门氏菌，经脉冲光处理后，发现初始菌数减少了2~3个数量级。大肠杆菌、金黄色葡萄球菌、酿酒酵母等微生物被脉冲数为1~35、强度范围为1~12J/cm^{2}的脉冲光处理以后，可被完全杀灭。

3.肉制品

大量试验表明，脉冲光不仅可延长肉制品的货架期，对肉制品的营养价值和化学成分进行分析，发现脉冲光处理样品与未处理样品之间无显著差别。所分析成分包括：蛋白质、维生素B_2、亚硝胺、苯并芘、维生素C、维生素B_2，其中维生素C和维生素B_2很容易吸收可见光，对光、热及氧化非常敏感，但脉冲光处理后没有受到影响。用脉冲光处理牛肉、鸡肉和鱼肉的研究发现，脉冲光不会影响其营养成分，同时还发现即便是过量的脉冲光处理这些肉类，也没有影响到维生素B_2的含量。

脉冲光杀菌是没有选择性的（非特异性），只要是暴露在脉冲光下的微生物均被它杀灭；但对于具有复杂表面的材料（如肉），其杀菌效果要明显低于简单表面的介质或包装，这是因为肉的表面存在小的凹陷、裂缝、折叠，使微生物有了藏身之所，光无法达到，因此杀菌效率会降低。

应用Pure-Bright装置处理鸡翅，将鸡翅浸于含有3种沙门氏菌的池中15min，沙门氏菌活菌数达到105个/cm^2（高浓度）和102个/cm^2（低浓度），经过脉冲光处理后，鸡翅的微生物总数减少了2~3个数量级；脉冲光处理牛肉和零售切块，微生物总数减少了2~3个数量级。

真空包装的牛肉储藏2.5周后，颜色、滋味和外观没有发生变化；在香肠上接种对数值分别为3（低浓度）和5（高浓度）的无毒李斯氏菌，经脉冲处理后，其对数值均下降2，并且营养成分分析表明：处理和未处理的样品，甚至于过度处理（总流量达到30J/cm^2）的样品没有明显的差别。脉冲光处理分割牛肉，可以将所有暴露于光下的微生物杀死，货架寿命有着明显的延长。另外，脉冲光还能将需氧菌、乳酸菌、肠道菌和假单胞菌属数目降低1~3个对数值。

4.果品和蔬菜

在田间生长过程中，常常伴随病原微生物的潜伏侵染，在储藏过程中，随着果品和蔬菜本身抗病能力的减弱，潜伏在果品和蔬菜中的病原微生物开始发病，从而引起果品和蔬菜的腐烂。果品和蔬菜采收后用脉冲光杀菌处理，可以减少潜伏侵染的微生物数量，减少储藏过程中的腐烂，保持果品和蔬菜良好的品质，延长果蔬的保鲜期和货架寿命。目前，马铃薯、香蕉、苹果、梨等果品和蔬菜用脉冲光杀菌处理后，已经获得了良好的保鲜效果。用脉冲光处理新鲜且完好无损的西红柿，在冰箱中存放30d后，番茄仍然完好，具有很好的食用品质，而未经脉冲光处理的番茄，在同样的条件下存放30d后，60%以上的已霉烂，食用品质明显下降。

5.水

脉冲光能有效地处理饮用水或食品工业用水。实验室模拟的脉冲光进行水处理，能高度钝化水中的陆生克氏杆菌、隐孢子藻卵囊以及其他微生物。陆生克氏杆菌是被美国环境保护部门推荐的检测水杀菌效果的指标微生物。隐孢子藻卵囊是水中最具抵抗力的致病菌，氯和传统的紫外线杀菌方法均不能将其杀灭，隐孢子藻卵囊对化学试剂和固定剂有抵抗作用，以至在其增殖周期内不得不使用高浓度的高锰酸钾溶液。而应用脉冲光处理含隐孢子藻卵囊菌量达10^6~10^7个/mL的水，经流量1J/cm^2的脉冲光闪照一次，水中隐孢子藻卵囊菌完全失活。动物试验表明，水对大鼠失去了感染力；用流量1J/cm^2的脉冲光处理水，闪照2次能将陆生克氏杆菌完全灭活。

第七节 臭氧杀菌技术

臭氧杀菌技术是现代食品工业采用的冷杀菌技术之一。臭氧是已知可利用的最强的氧化剂之一，在实际使用中，臭氧呈现出突出的杀菌、消毒、降解农药的作用，是一种高效广谱杀菌剂。臭氧可使细菌、真菌等菌体的蛋白质外壳氧化变性，可杀灭细菌繁殖体和芽孢、病毒、真菌等；对常见的大肠杆菌、粪链球菌、金黄色葡萄球菌等，杀灭率达99%以上；对肝炎病毒、感冒病毒等也可杀灭，且在杀死病毒细菌的同时，健康细胞本身具有强大的平衡系统，故臭氧对健康细胞无害。臭氧在室内空气中弥漫快而均匀，消毒无死角。

臭氧在常温下为爆炸性气体，有特臭，为已知最强的氧化剂之一。在水中的溶解度比氧高，但因分压较低，故在平时使用温度与压力下，只能得到每升数毫克浓度的溶液。含臭氧的溶液，温热时会爆炸。臭氧为已知最强的氧化剂之一，仅次于氟，可以氧化大多有机物、无机物。臭氧与其他氧化性物质氧化性强弱对比如下：氟>氢氧根>臭氧>过氧化氢>高锰酸根>二氧化氯>次氯酸>氯气>氧气。

容易被臭氧氧化的有机物有：烯烃、炔烃等具有2~3键的化合物和具有芳香族碳环的分子，如胺、硫化物、磺酸、磷酸、乙醇、乙醚、乙醛、具有C-H结构的碳水化合物。而氨、环已胺等则较难被氧化。

一、臭氧杀菌机理

臭氧因氧化作用破坏微生物膜的结构而实现杀菌。臭氧首先作用于细胞膜，使膜构成成分受损伤而导致新陈代谢障碍，臭氧继续渗透穿透膜而破坏膜内脂蛋白和脂多糖，改变细胞的通透性，导致细胞溶解、死亡。而臭氧灭活病毒则认为是氧化作用直接破坏其核糖核酸RNA或脱氧核糖核酸DNA物质而完成的。臭氧水杀菌作用有些不同，其氧化反应有两种，生物菌体既与溶解水中的臭氧直接反应，又与臭氧分解生成之羟基一OH间接反应，由于羟基一OH为极具氧化性的氧化剂，因此臭氧水的杀菌速度极快。臭氧是一种广谱杀菌剂，可杀灭细菌繁殖体与芽孢、病毒、真菌、原虫包囊等，并可破坏肉毒杆菌毒素。臭氧在水中杀菌速度较氯快600~3000倍。例如，对大肠杆菌，用0.1mg/L活性氯（余氯量），需作用1.5~3.0h，而用臭氧只需0.045~0.45mg/L（剩余臭氧量），作用2min。表4-15是臭氧对各种微生物的杀菌效果。

表4-15 臭氧的杀菌作用

微生物	臭氧浓度/（mg/kg）	pH	温度/℃	作用时间/min	致死率/%
金黄色葡萄球菌	0.5	—	25	0.25	100
鼠伤寒杆菌	0.5	—	25	0.25	100
大肠杆菌	0.5		25	0.25	100
弗氏志贺氏菌	0.5	—	25	0.2	100
蜡状芽孢杆菌	2.29	—	28	5	100
巨大芽孢杆菌	2.29	—	28	5	100
马阔里芽孢杆菌	2.0	6.5	25	1.7	99.9
嗜热脂肪芽孢杆菌	3.5	6.5	25	9	99.9
产气荚膜梭菌	0.25	6.0	24	15	100
生孢梭菌PA3679	5	3.5	25	9	99.9
肉毒梭菌62A	6	6.5	25	2	99.9
肉毒梭菌213B	5	6.5	25	2	99.9

二、臭氧杀菌效果

（一）臭氧对细菌的杀灭效果

臭氧对细菌的杀菌作用在目前称之为溶菌，其杀菌机制以细胞壁和细胞膜破裂及分解的理论占主导地位。它与通过细菌细胞壁扩散，使酶失活的Cl^-的杀菌原理不同。因此具有与臭氧并用杀菌的化合物很多，这也是臭氧不同于其他杀菌剂的特征之一。臭氧与其他杀菌剂一样，对杀菌效果具有选择性，在低浓度下，几乎可使所有革兰氏阴性菌，即病原菌、荧光菌、大肠菌、霉菌等快速死亡，但对大部分革兰氏阳性菌、特别是耐热性芽孢等抵抗力较强的菌，需要高浓度臭氧的处理。杆菌芽孢与其他微生物相比，对臭氧有较强的抵抗力，需长时间处理才显示杀菌效果。

对于营养细胞来说臭氧杀菌相对容易。在水中营养细胞的臭氧杀菌效果受菌体洗净的影响较大。例如：将未洗净的蜡状芽孢杆菌、巨大芽孢杆菌、大肠杆菌用0.04~0.71mg/L的臭氧水只浸渍5min，几乎无杀菌效果。若用生理食盐水洗2次后，巨大芽孢杆菌用0.19mg/L，蜡状芽孢杆菌用0.12mg/L的臭氧水处理5min就可完全杀灭。对于芽孢，需要比营养细胞更高的臭氧浓度，蜡状芽孢杆菌和巨大芽孢杆菌需要5min：处理的最低杀菌浓度约为营养细胞的10倍（2.29mg/L）。

（二）臭氧对酵母的杀灭效果

Giese等报道，将酿酒酵母悬浮于臭氧水中，可短时间致死。Hinze等报道了用臭氧处理酿酒酵母的悬浮液后，ATP及多数细胞液酶被抑制，15种酶中，甘油醛3-磷酸脱氢酶的钝化程度最甚。另外，添加0.1%的咖啡因可显著提高酿酒酵母悬浮液的臭氧杀菌效果。对近平滑假丝酵母、粟酒裂殖酵母、酿酒酵母、鲁氏接合酵母、Saccharomyces carls-bergensis、贝酵母、红酵母属以及汉荪酵母等的水中臭氧处理效果的研究结果表明，这些菌株对臭氧的抵抗力均很弱，用臭氧含量0.3~0.5mg/L、5~10min处理后，大部分菌都被杀死，只有近平滑假丝酵母经30min处理后仍有残存，处理60min后才能完全杀灭。此外，上述酵母的芽孢比营养细胞的抵抗力更强。

在空气中处理酿酒酵母和黏红酵母，Matus等还对产朊假丝酵母的臭氧杀菌效果进行了探讨，发现与稳定期细菌相比，对数增殖期细菌对臭氧更加敏感，这是由于酵母细胞发芽的缘故。

可以认为，虽然存在着菌种之间的差异，但酵母对臭氧的抵抗力比细菌弱，复膜孢酵母的抵抗力最强，其次的抵抗力排列顺序为：假丝酵母属、汉苏酵母属、接合酵母属、酵母菌属、球拟酵母属、毕赤氏酵母属、红拟酵母属、裂殖酵母属。

（三）臭氧对霉菌的杀灭效果

水中处理青霉属的6种孢子时，用0.3~0.5mg/L臭氧处理60min后，大部分被杀灭，只有圆弧青霉显示较高的存活率。曲霉属的6种孢子用0.3~0.5mg/L的臭氧处理30min，几乎都可杀灭，而泡盛曲霉抵抗力稍高，要完全杀灭需经180min处理。

关于霉菌产生的毒素，对臭氧分解黄曲霉毒素（AFT）的研究较多。一方面，用薄层层析和鸡胚法研究黄曲霉毒素的臭氧分解和解毒的结果表明，B型和G型黄曲霉毒素对臭氧比较敏感，在室温下，以1.1mg/L的含量处理5min就很容易地被分解。伤寒沙门氏菌变异原实验显示了由于臭氧处理使毒素类的变异原失活，臭氧处理后的黄曲霉素B，对小白鼠不显示急性毒性。另一方面，B_2型和G2型黄曲霉毒素对臭氧有抵抗性，要完全分解的话，需用34.3mg/L的臭氧，吹50~60min。空气中处理时，用0.6ML/L的臭氧含量，对扩展青霉、Sclerptnia fructicola

要处理150min，对光抱青霉处理15min便可完全杀死。

（四）臭氧杀菌技术应用

（1）臭氧浓度随时间变化的实验

作为臭氧用于气相杀菌的领域有食品厂车间中空气浮游菌的控制和脱臭、食品冷藏间内的杀菌、食品流通冷库的库内脱臭等。这里介绍以杀菌为主的臭氧利用技术。

气相臭氧的含量可以mg/L为单位来计算。例如在车间或冷藏间内安装臭氧处理系统时，根据场所的容积和需要的臭氧浓度算出理论值（发生量），然后选定有相应发生能力的臭氧发生器。但由于饱和臭氧浓度和半衰期随环境条件而异，室内臭氧的分解速度还随温湿度、与外界的气密性、室内存在的有机物等与臭氧发生反应的物质的量而变化，这些因素都是选定设备时必须考虑的。

往往按实测值所得的饱和臭氧浓度为理论值的1/10~1/5。而衰减速度也视条件不同而异，在冷库那样的低温且库内反应物质少的干燥场所，臭氧的衰减速度较慢；相反在操作间等湿度高、反应物质多的场所，其衰减速度非常快。

（2）臭氧水用于原料的洗净和杀菌

使用臭氧水对蔬菜类食品进行清洗、杀菌，工艺简单，而且臭氧的浓度可以较低，故使用率高，应用范围广。用得最多的是蔬菜、水果的清洗及保鲜，如葱、结球生菜、芹菜、大白菜、包菜、菠菜、豆芽、胡萝卜、洋葱、黄瓜等。

臭氧水广泛应用于蔬菜类原料杀菌处理的原因主要有以下四点。

1.对大肠菌群、沙门氏菌、霍乱菌及乳酸菌等革兰氏阴性菌和酵母的杀菌非常有效。

2.短时间处理就可取得杀菌效果和保鲜效果。

3.因为处理对象商品价格较低，作为低价格的杀菌、脱臭、保鲜方法的臭氧处理最合适。

4.使用方法比其他杀菌剂简单，并且无残留，安全性较高。

蔬菜类附着的微生物数量一般为10^5~10^7个/g，属于鲜度极易下降的农产品。清水洗净后的细菌数均可减少至1/10，臭氧水处理后可再减少至1/100~1/10，可明显延长蔬菜的货架期。在零售店销售的切分蔬菜的大肠菌较多，带来了卫生上的问题。日本宫崎大学的近藤等使用臭氧水对切分蔬菜进行杀菌试验的结果表明，大肠菌群经0.2mg/kg臭氧水浸渍约1h可以完全杀死。

（3）臭氧水用于蔬菜的低盐腌制

低盐腌制菜加工过程的微生物控制技术之一的臭氧水利用过程，预先在洗净水和调味液中吹入臭氧气体，制成3mg/kg的臭氧水，分别用于初浸和包装。在大白菜低盐浸渍及减压浸渍法制造过程中的臭氧水应用结果表明：清洗工序的臭氧水处理，对延长产品的保质期有明显效果；在包装内使用含有臭氧水的调味液，可使保质期延长到5d以上。不采用减压浸渍法的场合，在包装工序中也由于利用了臭氧水，可延长腌制白菜的保质期。

（4）臭氧水用于水产品的杀菌和保鲜

臭氧水处理应用较多的还有在鲜鱼和水产品的杀菌及保鲜上，这是因为：

1.对于鲜鱼和水产加工食品中较多存在的大肠菌、霍乱菌、荧光菌等革兰氏阴性菌，臭氧的杀菌效果非常好。

2.可有效保持鱼贝类的鲜度。

3.能有效分解鱼贝类及水产加工品的异臭。

4.促进鱼贝类生长繁殖的效果。臭氧水在鳗鱼、比目鱼、章鱼、鱿鱼、金枪鱼、马鲛鱼、牡蛎、贝类、海苔类等的养殖及加工中应用较多。

把鲜鱼浸渍在盐水中，进行30~60min的臭氧处理，附着在鲜鱼表面的活菌数可减少为原来的1/1000~1/100，鲜鱼的鱼腥味消失。间歇或连续进行臭氧处理比只处理1次的效果要好得多，处理后鲜鱼表面活菌数的增加可以推迟4d，感官检查的结果也表明：鲜度与无臭氧处理相比有1周以上的差。

第五章 固相微萃取技术在食品安全检测中的应用

第一节 固相萃取技术

固相萃取技术（solid phase extraction，SPE）是从20世纪80年代中期由液固萃取和液相色谱技术相结合发展起来的一项样品前处理技术。在固相萃取过程中，固定相将液体样品中的目标组分吸附，与样品的基体和干扰组分分离，然后再用洗脱液洗脱或者加热解吸，达到纯化和富集目标组分的目的。该技术集样品净化和富集于一身，因此能提高检测方法的灵敏度和检测限，与液固萃取技术相比更为节省溶剂，可实现自动化批量处理，重现性好，是目前食品安全检测中常用的样品净化技术之一。但是，SPE只适用于液体样品前处理，而且必须是洁净度较高的液体样品，在含有悬浮物或其他固体颗粒物应用中，容易在萃取柱前形成堵塞，而无法继续进行过柱和洗脱等操作。

固相微萃取（solid phase microextraction，SPME）技术是一项基于固相萃取而发展起来的新颖的集采样萃取、浓缩、进样于一体的样品萃取分离技术，由加拿大滑铁卢大学的Pawliszyn等人在1989年首次提出并于1993年成功实现商品化。近三十年来，这一技术处于不断发展中，曾被评为20世纪最具潜力的100项技术革新发明之一，1994年获得匹兹堡分析大会发明奖，美国化学会的杂志《Analytical Chemistry》也将其评为1990~2000年分析化学领域六个最伟大的创意之一。

SPME的制备过程是将合适的萃取材料涂覆固定于熔融石英或其他材料纤维的表面，获得实验所需的纤维涂层。萃取中，将萃取纤维置于含有目标分析物的液体或气体样品中，目标分析物通过各种形式的分子作用力直接被萃取到涂层上。与SPE相比，SPME继承了固相萃取的优点，同时摒除了固相萃取需要填充固相吸附剂和需要溶剂进行淋洗、洗脱的缺点，具有操作简单、快捷、无需溶剂、能在线或活体取样和易自动化等特点。该方法可以与气相色谱（GC）、高效液相色谱（HPLC）、气相色谱—质谱（GC-MS）、高效液相色谱—质谱（HPLC-MS）等技术联用，实现复杂基质中多种化合物的高效分离分析，尤其适用于挥发性或半挥发性有机化合物的分析应用。迄今，SPME已被广泛应用于环境、生物和食品安全检测等领域中。

一、固相微萃取的基本原理

SPME技术的萃取原理是目标化合物在样品基体和萃取媒介（涂层）之间的分配，不同的涂层可以吸附不同的目标化合物，包括吸附和解吸两个过程。吸附过程是一个目标分析物在样品基质和纤维涂层固定相之间分配平衡的过程，当样品基质与纤维涂层固定相达到平衡后，纤维涂层对于目标分析物萃取的量有以下的关系（5.1）：

$$n=\frac{K_{fs}V_{f}C_{o}}{K_{fs}V_{f}+V_{s}}$$

式中，n代表被萃取纤维涂层萃取的目标分析物的萃取量。

K_{fs}代表目标分析物在纤维涂层与样品基质间的分配常数。

V_f代表SPME纤维涂层的体积。

V_s代表目标样品的体积。

C_o代表待测样品中目标分析物的起始浓度。

上述关系式仅仅考虑了两相，一般来说就是类似纯水或空气的均匀相与纤维涂层，而没有考虑萃取过程中目标分析物的降解以及黏附在萃取瓶壁上目标分析物的量等因素对目标分析物的萃取量的影响。在实验过程中，萃取实验有可能在中途被打断，目标分析物也有可能在没有达到萃取平衡时，就被进行分析检测，因此为了使实验具有较好的重现性，需要在每次实验中准确控制萃取时间和搅拌速率。当样品体积很大时，关系式（5.1）可以被简化为（5.2）：

$$n=K_{fs}V_{f}C_{0}$$

式（5.2）是在实际SPME应用中常见的表现形式，因为K_{fs}和V_f都是常数，由式（5.2）可知，此时纤维涂层对目标分析物的萃取量与样品中目标分析物的起始浓度成正比，而与样品的体积无关。由式（5.2）可知，在对目标分析物进行SPME分离富集的过程中，采用较大体积的待测样品溶液，可以有效消除样品处理过程中的某些误差。因此，在上述情形下，目标化合物的分解或者有少量目标分析物被黏附在萃取瓶的瓶壁上，不会对萃取分析造成影响。

解吸过程随SPME后续分离手段的不同而不同，对于气相色谱而言，萃取纤维插入进样口进行热解吸；对于液相色谱而言，要通过溶剂进行洗脱。

二、固相微萃取装置和萃取方式

SPME技术在将涂层纤维连接到微量注射器装置上之后，得到了快速发展，并由此产生了第一个SPME装置。微量注射器中用作活塞的金属丝被一根内径稍大于熔融石英纤维外径的不锈钢微管代替。通常，一根1.5cm长的熔融石英纤维前端5mm的涂层被去掉，然后插入微管中，并用高温环氧胶固定。在萃取和解吸附过程中推动活塞使纤维暴露出来，而当存放和刺穿隔垫时将纤维收回到保护针管中。

由于SPME技术拥有巨大的应用潜力，Supelco公司于1993年实现了该技术的商品化。涂层纤维连接在一小段不锈钢微管上，另一根较粗的金属管起穿刺针的作用。利用隔垫保持微管和针头之间的连接气密性。

无论是实验室改装的SPME装置，还是商品化的SPME装置，都能方便地与气相色谱联用，成功地实现待测物的萃取、富集和进样。1995年，Pawliszyn等进一步设计出SPME和HPLC的联用接口，并由Supelco公司实现商品化。SPME与HPLC的联用拓展了SPME在生物样品、药物分析方面的应用。1997年，他们又推出自动化的in-tube SPME与HPLC联用装置。该装置具有自动化程度高，涂层易得等优点，得到了分析工作者的广泛关注。SPME技术发展到目前为止，已经成功与GC、HPLC、紫外可见光谱仪、傅立叶变换红外光谱仪、电感耦合等离子体光谱仪、毛细管电泳仪、拉曼光谱仪等分析仪器联用。

SPME的萃取方式主要可以分为两种，分别为顶空固相微萃取（head space SPME，HS-SPME）和直接浸入固相微萃取（direct immersion SPME，DI-SPME）。其中，前者是将纤维涂层置于液体或者固体样品的顶空气相位置进行萃取，适合于任何基质中挥发性、半挥发性有机化合物的萃取；而后者则是将萃取纤维直接浸入目标分析物的溶液中进行萃取，适合于气体基质或干净的水样品。通常，当SPME与GC联用时，直接将萃取有目标分析物的纤维涂层置于GC的进样口中，利用气化室的高温从涂层上解吸目标分析物，分析物进入色谱柱中实现分离。当SPME与LC联用时，则需要利用甲醇、乙腈等有机试剂将目标分析物从纤维涂层上洗脱下来。目前，已经有商品化的装置可以将富集于纤维涂层上的目标分析物直接注入LC的六通阀。这种联用方法不仅简单省时，而且能够提高分析方法的灵敏度。

三、固相微萃取技术的影响因素

在SPME过程中，目标物的分配系数会受温度、离子强度和pH影响，因此萃取温度、离子强度和pH都是固相微萃取技术的重要影响因素。除此之外，搅拌速率和萃取时间也会对萃取效率产生影响，但这两个因素不会影响目标物的分配系数。下面分别介绍这五种萃取条件对固相微萃取的影响。

随着萃取温度的升高，目标物的扩散系数和亨利系数变大，目标物由样品传递到涂层的速率变快，萃取平衡时间变短；同时，随着温度的升高，目标物在萃取相上的分配系数降低，萃取量减少，萃取效率降低。对于直接浸入式萃取，目标物直接由液体样品传递到涂层，平衡时间较快，因此萃取温度的影响有限，一般采用室温萃取。对于顶空萃取，目标物需从样品相中挥发出来，再传递至涂层，平衡时间较长，故一般需要采用较高的萃取温度：较高的萃取温度一方面使目标物具有较大的蒸气压，增加气体中目标物的浓度，提高萃取效率，另一方面也能有效缩短萃取的平衡时间。但是需要注意的是，分配系数会随温度的增加而降低。因此具体的萃取温度需要通过实验优化，在既保证萃取效率，又有效缩短平衡时间的前提下，选择最优萃取温度。

提高溶液的离子强度，由于盐析作用的影响，会使样品基质中目标分析物的溶解度降低，分配系数增大，从而提高SPME的萃取效率。一般情况下，同样的萃取条件，分配系数变大，涂层能够吸收更多的目标物，萃取效率提高。理论上，当溶液中的离子强度处于过饱和状态时，萃取效率达到最大值。然而，在实际操作过程中，有些目标分析物会与无机盐离子发生静电作用，使其在样品基质中的溶解度增大，分配系数变小，SPME的萃取效率降低。同时，由于无机盐离子会对纤维涂层造成损害，因此是否加入无机盐需要根据实际样品和目标物的物理化学性质来决定，一般只在HS-SPME过程中通过控制样品基质的离子强度达到增加萃取效率的目的。

通常情况下，固相微萃取技术中所萃取的目标物主要是不会电离的非极性有机物，因此不需要调节pH。但是对于在水溶液中易电离的目标物，通过调节溶液pH，可以使目标物由离子态转化为分子态，降低在水中的溶解度，从而提高萃取效率。因此当分析物为酸性物质时，适当调低pH；当分析物为碱性时，适当提高pH，能有效提高萃取效率。在直接浸入固相微萃取过程中，通过加入挥发性的酸或碱，调节样品基质的pH；在顶空固相微萃取过程中通过加入非挥发性的酸或碱，调节样品基质的pH。

搅拌速率与上述三个因素不同，它不能改变目标物的分配系数。但是适当的搅拌能有效提高物质的传递，缩短萃取平衡时间。对于直接浸入固相微萃取，搅拌可以减小涂层表面的扩散层，加快分析物由样品向涂层的传递，缩短萃取平衡时间。对于顶空固相微萃取，搅拌同样可以提高分析物在液相间以及液相向气相的扩散速度，增大顶空区分析物的浓度，提高灵敏度。

同搅拌速率一样，萃取时间也不会影响目标物的分配系数。但是萃取时间却是影响萃取效率最重要的因素之一。萃取时间是由搅拌速度以及目标分析物在纤维涂层和样品基质之间的分配系数决定的。当萃取还没达到平衡时，萃取效率会随着萃取时间的增加而增加；当达到平衡时，萃取效率不再随萃取时间的增加而增加。在实际的应用过程中，达到萃取平衡所需时间较长，因此在保证检测灵敏度的前提下，会采用较短的萃取时间进行非平衡萃取，以提高整个分析工作的效率。

第二节　固相微萃取技术在食品安全检测中的应用

随着科技及社会的进步，消费者对食品安全及食品品质越来越关注，因此食品的分析检测工作也越来越受到重视。由于食品具有基体组成复杂、种类繁多和形态多样等特点，在一定程度上加大了对食品中目标物的检测难度。SPME作为一种新型的样品预处理技术，最早被应用于对环境样品中挥发性组分的检测，自从20世纪90年代开发成功后开始应用于食品领域。

目前，国内外食品的检测工作主要包括食品纯度、营养成分、添加物、农药残留、包装污染等方面。由于食品基体组成十分复杂，分析物含量低（痕量水平），因此在仪器分析前需要进行样品的预处理，以克服基体成分干扰富集分析物。理想的食品分析方法应该能够同时实现对样品的一步分离、预富集以及对目标分子的定量检测。SPME技术将萃取、浓缩、解吸、进样等功能集于一体，灵敏度高且具有操作简便、快捷、无需溶剂、能在线和活体取样、可自动化等特点，对于食品分析工作者来说，是一种既经济环保又能满足上述要求的理想方法。

一、在农药残留检测方面的应用

农药残留（pesticide residues），是农药使用后一个时期内没有被分解而残留于生物体、收获物、土壤、水体、大气中的微量农药原体、有毒代谢物、降解物和杂质的总称。在全世界范围内，杀虫剂、除草剂等农药已被广泛使用，而近年来人们逐渐意识到食物中的农药残留物质对人类健康的危害性，因而农药残留引起了广泛的关注。目前，世界各国都有相关的标准，对食物中农药残留物的含量进行了限量规定。因此，需要一种简单、快速、实用性强的方法对食物中的残余农药进行检测。SPME技术由于其众多的优点在诸多样品前处理方法中脱颖而出，无溶剂萃取以及提取、浓缩、进样一体化的操作使其很快在农产品的农药残留分析中得到了广泛应用，从1994年首次将SPME应用于农药残留的分析起，已有二十余年的历史，目前应用SPME技术做残留分析的农药主要是各类杀虫剂，包括有机氯农药、有机磷农药及氨基甲酸酯类农药等，也有少数除草剂，如三嗪类和苯脲类。

有机氯农药是一类由人工合成的杀虫广谱、毒性较低、残效期长的化学杀虫剂，主要分为以环戊二烯为原料和以苯为原料的两大类。以苯为原料的包括六氯环己烷（hexachlorocyclohexane，HCHs，俗称六六六）、二氯二苯基三氯乙烷（dichlorodiphenyltrichl-oroethane，DDTs，俗称滴滴涕）和六氯苯等，以环戊二烯为原料的包括七氯、艾氏剂、狄氏剂和异狄氏剂等。由于有机氯农药具有高效、低毒、低成本、杀虫谱广、使用方便等特点，在有机氯农药被相继发明的几十年里，有机氯农药被大范围地运用。然而，有机氯农药的物理、化学性质稳定，在环境中不易降解而长期存在，在土壤中可以残留10年甚至更长时间，且容易溶解在脂肪中。而且由于有机氯农药具有一系列的危害性，对人类会造成一定的危害。有机氯农药在我国的使用是自20世纪50年代开始的。自20世纪60年代至80年代初，有机氯农药的生产和使用量一直占我国农药总产量的50%以上。20世纪70年代，有机氯农药的使用量达到高峰，而到了80年代初，有机氯农药的使用量仍占总农药用量的78%。在我国曾经大量生产和使用过的有机氯农药主要有DDTs、HCHs、六氯苯、氯丹和硫丹等。

大多数有机磷农药的沸点并不高，对热较稳定；有机氯农药的极性较小，较易挥发，因此这两类农药的分析首选SPME-GC或GC-MS联机分析。多数氨基甲酸酯类农药对热不稳定，且极性较大，不易挥发，但其在220nm波长处有较强吸收，因而适合采用SPME-HPLC分析。至于除草剂，由于其极性较大，因而限制了SPME技术在其残留分析中的广泛应用，目前SPME技术主要用于三嗪类、苯脲类除草剂的残留分析。

利用微波辅助萃取和固相微萃取技术两种样品前处理方法相结合，并与气相色谱联用，能够实现茶叶中有机氯和拟除虫菊酯残留农药的有效提取、净化和浓缩，实现茶叶中农药残留量的快速检测。该方法克服了固相微萃取技术用于固态样品中高沸点化合物分析的困难，有效减小了复杂基体成分的干扰；方法的灵敏度高，对有机氯、菊酯类农药的最低检出限能够达到ng/L级；样品处理方法简单，分析周期短；只需用少量的有机溶剂，对环境的污染小。利用固相微萃取—高效液相色谱（SPME-HPLC）的分析方法，能够进行蔬菜中氨基甲酸酯农药残留的分析检测，方法的检出限在0.4×10^{-9}~40×10^{-9}g/g范围内，线性范围为0.05~1mg/L，回收率达74.4%~108.4%，相对标准偏差（RSD）为4.26%~13.97%。

二、在食品中其他有机污染物检测方面的应用

除了农药残留外，食品还经常会受到其他有机毒物的污染，这些毒物有些来自农产品原料，有些来自环境，有些则与食品加工或使用添加剂不当有关，它们

的含量虽然极微，但对人体的危害不可漠然视之，尤其是持久性有机污染物（persistent organic pollutants，POPs）。POPs一直为世界各国政府和组织所关注，它们的直接毒性、高残留性、高富集性、结构稳定性以及在自然界中不易降解的特点，极易导致生物链对POPs的逐级浓缩，进而对生态环境和人类构成潜在的威胁。所有的这些有机污染物都可以通过食物链传递到人体，因此快速检测食品中有机污染物显得尤为重要。

丙烯酰胺是一种常用的化工原料，常被制备成聚丙烯酰胺或其共聚物，被广泛应用于污水处理、造纸工业、饮用水净化工业、选矿工业以及日化工业等。目前研究发现，丙烯酰胺具有神经毒性、遗传毒性和致癌性。研究发现，经过高温煎炸或烘烤后的富含碳水化合物的食物中含有高浓度的丙烯酰胺，因此，选择一种灵敏度高、选择性强的分析方法对于检测食品中丙稀酰胺的含量至关重要。姚等利用水热法合成氧化锰纳米棒，并以物理涂渍的方法固定于不锈钢丝上，制备获得氧化锰纳米棒固相微萃取（SPME）涂层。建立了利用该SPME与气相色谱—电子捕获检测器联用分析法，进行了薯片和饼干中丙烯酰胺含量的检测。结果显示，氧化猛纳米棒纤维涂层对于上述两种具有复杂基质样品中的丙烯酰胺具有较好的萃取能力，实验测得的薯片和饼干中丙烯酰胺的含量分别为2.43μg/g和1.31μg/g。

邢英豪等使用固相微萃取—气相色谱质谱联用技术检测了市场上的塑料制品盛装的食用油及膨化食品中的塑化剂含量，方法的检出限达到0.97~34.73μg/kg。张潜等用100μg聚二甲基硅氧烷萃取纤维，测定了饮用水中16种多环芳烃和6种多氯联苯，方法的检出限可以达到0.0003~0.054μg/L。康迪等用活性炭纤维作为固相微萃取的萃取纤维与气相色谱——质谱联用测定了烤肉中的多环芳烃，检测限达到0.1~50μg/kg。Bai等用SPME与GC-MS联用，分相酒类中的多环芳香烃，结果得出多环芳香烃的加标回收率为76.52%~119.8%，表明该方法重复性较好，且操作简单、灵敏度高，适用于酒类中的多环芳香烃的检测。

三、在食品包装材料检测方面的应用

固相微萃取技术在食品包装材料检测方面的应用，主要包括材料单体残留检测、添加剂检测和油墨黏合剂检测。据报道，国内外使用SPME技术用于单体残留物检测，大多针对聚氯乙烯（PVC）的单体，但食品包装单体残留物种类很多，如ABS中的丙烯腈、聚丙烯腈（PAN）中的丙烯酰胺，使用SPME技术对这些单体检测具有重要意义。

SPME技术在油墨和黏合剂的挥发性物质检测中主要用于对苯系物、醇系物、异氰酸酯等物质的检测。魏黎明等采用固相微萃取与气相色谱联用技术，对塑料保鲜薄膜、牛奶包装袋中的痕量挥发性有机物如异丙醇、乙酸乙酯、丁酮、甲苯进行定量测定。方法灵敏度相比传统的顶空气相色谱法大大提高。

四、其他应用

SPME技术所具有的灵敏度高、操作简便且价格低廉的优势，很快就使它成为食品安全检测技术的研究热点。除了前述在食品中农药残留、其他有机污染物和包装材料的检测之外，还可以用于其他挥发性组分的检测，如风味物质的检测。新涂层的研究及新装置的推出使SPME技术在食品安全领域的应用前景更为广阔。

第六章 新型荧光传感材料在食品安全检测中的应用

第一节 荧光材料概述

一、荧光分析法概述

荧光是一种光致发光的冷发光现象。当一定波长的光（通常是紫外光或X射线）照射发光物质时，物质分子内电子吸收光的能量，由基态跃迁到激发态，而激发态的分子很不稳定，会以光辐射的方式释放能量并返回基态，这一过程中会损失部分能量。因此，多数情况下，发射光的波长要大于入射光的波长。当激发光照射停止后，发光现象也随之消失，这种性质的发射光称为荧光。

荧光分析法指某些物质在特定波长的光照射下产生荧光，利用其荧光强度进行物质的定性或定量分析。作为一种简单、实用的分析方法，荧光分析方法出现于19世纪60年代。该方法具有许多优点：（1）选择性好；（2）具有多种可测定的参数，如荧光强度、荧光量子产率、荧光寿命、激发波长、发射波长等；（3）灵敏度高；（4）具有多种检测技术和方法，如荧光发射、同步荧光、荧光偏振、荧光动力学、时间分辨荧光、五维荧光光谱、导数荧光等。由于荧光分析技术的这些优点，实际应用中可以选择最合适的检测技术和方案，实现简便和快速的分析检测。

荧光分析必须要有荧光物质（荧光探针）。早期，研究者们普遍采用传统的荧光染料做荧光剂，但多数荧光染料的荧光信号背景强、激发光谱较窄（很难同时激发多种组分）、荧光发射光谱宽且分布不对称（同时检测多种组分较为困难）、易被光漂白（光化学稳定性差）等缺陷。随着纳米材料制备和研究的飞速发展，新型的荧光纳米材料由于具有较高的荧光量子产率、优越的光稳定性等优点，而受到人们的重视。这些荧光纳米材料主要包括：(1) 无机荧光纳米材料，如量子点、金属纳米团簇；(2) 有机荧光纳米材料，如碳点、石墨烯量子点等为主的碳基材料，以及聚合物荧光纳米材料等；(3) 稀土转换纳米材料；(4) 复合荧光纳米材料等。其中，量子点独特的光学性质，使其在生物传感、荧光成像、细胞生物学等领域具有极大的应用，受到越来越广泛的关注和重视。

二、新型荧光纳米传感材料量子点

(一) 量子点的定义和结构

突光量子点（quantum dots，QDs)，一类准零维的具有突光性质的金属半导体纳米颗粒，半径约1~10nm，多数由II-VI族或III-V族元素组成。量子点的半径小于或接近激子波尔半径，其电子受限于纳米空间区域，因此限制了电子向各个方向的运动，而呈现较为显著的量子限域效应，从而出现了不同于宏观物体的诸多独特的物理化学性质。量子点的发射光谱与其尺寸大小密切相关。随着量子点尺寸的减小，多数原子位于量子点表面，从而增大了量子点的比表面积。随着量子点比表面积的增大，其表面原子数相对增多，表面受光激发的电子或空穴受钝化表面的束缚作用越大，导致吸收的光能也越多，使得量子点的吸收带蓝移，且尺寸越小，蓝移现象越显著。

量子点多呈圆形，由结构上的不同可以划分为单核型、核壳型、掺杂型三种。单核型合成方法较为简单，但荧光量子产率较低，荧光性质不够稳定，因此可以采用量子点的包覆方法，形成了核壳型量子点以减少量子点的表面缺陷，增强其荧光强度和稳定性。掺杂型荧光量子点多是利用Mn、P等元素掺杂，使量子点的荧光或磷光性质得到改善，此外这些掺杂还可以增加荧光量子点的电磁等性质。

(二) 量子点的发光原理

当量子点的尺寸小到一定值时，由于受到量子尺寸效应的影响，原来连续的能级结构转变为类似原子的不连续结构，当光照射到量子点上时，量子点吸收光子，价带上的电子吸收能量后受到激发，跃迁至导带，而在价带上则会产生与被激发电子对应的空穴。跃迁到导带上的电子可以再以辐射跃迁的方式重新回到价带，与价带上的空穴复合并发射光子，这就是量子点的发光原理。除此之外，导带上的被激可发电子也能被量子点材料自身的表面缺陷所捕获，这种情况下，电子是以非辐射的形式被淬灭，因而不能发射光子。在这样一个过程中，跃迁到导带上的电子只有少部分能够以辐射跃迁的方式重新回到价带，大部分电子则会通过多种非辐射的途径淬灭。由此可见，如果量子点材料自身的表面缺陷较多，其发光效率将会显著降低。

（三）量子点的光学特性

与传统有机荧光染料相比，荧光量子点具有独特的光学性质，具体如下：

（1）荧光量子点的发光性质与其组分、类型、粒径大小密切相关，通过改变量子点的制备条件可以控制其尺寸从而得到特定发射峰的量子点。组分不同，荧光量子点的发射波长的可调范围也有差别，如CdSe量子点的发射波长为430~660nm，而CdTe量子点的发射波长则为490~750nm，InP量子点的发射波长为620~720nm。

（2）荧光量子点光稳定性良好，可重复多次激发，不易出现荧光漂白现象。相较于常用的有机荧光材料如罗丹明6G，一些荧光量子点的荧光强度可达到罗丹明6G的20倍，稳定性是其100倍以上。

（3）荧光量子点的激发谱较宽且连续。使用单一波长的激发光源就可以对不同粒径的荧光量子点进行同步激发，而传统有机荧光染料的激发光谱较窄，每种荧光染料通常都需要特定波长的激发光进行激发。

（4）荧光量子点具有较大的斯托克斯位移，这一特性较大程度避免了发射光谱与激发光谱的重叠，有利于荧光信号的检测。荧光量子点所具有的窄且对称的发射光谱，使量子点能够同时显现多种颜色而不发生重叠现象，从而容易实现多组分的同时检测。

（5）荧光量子点表面易进行功能化修饰，使其具备较好的生物相容性，且细胞毒性较低，对生物体危害也较小，适用于生物活体的标记和检测。

（6）量子点的荧光寿命长。一般有机荧光染料的荧光寿命仅为几纳秒（与多数生物样本的自发荧光衰减所需时间相当），而量子点的荧光寿命可达几十纳秒，即在激发光源激发后，多数的自发荧光已然衰变时，量子点荧光仍然存在。在实际操作中，可使去除荧光信号中的背景干扰变得容易。

第二节　新型荧光纳米传感材料——石墨烯量子点

一、石墨烯量子点概述

石墨烯量子点（grapheme quantum dots，GQDs）则是指尺寸小于100nm且厚度小于10层石墨烯片层的石墨烯纳米材料，具有典型的石墨烯晶格结构。GQDs作为新近发现的荧光纳米材料，具有明确的结构和独特的理化性质，其研究状况受到人们的日益关注。

二、石墨烯量子点性质

作为新型的荧光纳米传感材料，与碳纳米点和聚合物点相比，石墨烯量子点具有可以与石墨烯相媲美的优异性能；同时又因量子限域效应和边缘效应使其呈现出一系列不同于石墨烯的新的理化特性。而与传统的量子点和有机染料相比，GQDs不仅具有可调的光学性质，还具有很好的光稳定性、生物相容性、低毒性等优势。同时，其表面的含氧基团不仅增加了它们的水溶性，还为它们与其他无/有机物、生物小分子等物质作用提供了反应位点。这些独特的理化性质使其在光电设备、分析传感、生物成像、药物传递等领域具有良好的应用前景，因而备受各个领域的科学家的关注。

（一）紫外吸收和荧光特性

基于GQDs内部石墨烯结构中跃迁，多数的GQDs在230nm左右有一个明显的吸收峰，并延伸至可见光区。而少数的GQDs在270~360nm处会出现肩峰，该峰归属于GQDs跃迁。吸收峰的位置主要取决于GQDs的制备方法，因为不同制备方法得到的产物表面的功能团存在一定的差别。已有的制备方法可以获得发射深紫光、蓝光、绿光、黄绿光、黄光、橙光和红光的GQDs。对于GQDs的光致发光机理尚未有统一的解释，主要是因为其制备方法繁多，得到的GQDs的结构不尽相同，控制光致发光的中心也各有差异。而目前提出的可能的发光机理主要有量子尺寸效应、表面态和边缘态、本征态和缺陷态、电子一空穴对辐射复合、异原子的掺杂引起的电荷迁移等。

研究发现，多数GQDs的发射波长随着激发波长的红移而红移并伴随着荧光强度的降低，也有部分GQDs只有荧光强度会随着激发波长的红移而降低但发射峰位置保持不变，这主要是由其均一的粒径所决定的。同时，GQDs的光致发光也受pH的影响。Wu等和Guo等都发现GQDs在碱性条件下可以发射很强的荧光，但在酸性条件下，荧光几近完全猝灭，且在pH=l~13范围内可反复调节。这可能是因为GQDs边缘的zigzag位点在酸性条件下发生质子化，激发的三线态卡宾被打破而无法回到基态；而zigzag位点在碱性条件下可以恢复，故可发射荧光。此外，研究还发现GQDs的光致发光还受溶剂的影响。Zhang等报道经溶剂热反应得到的GQDs，在四氢呋喃（THF）、丙酮、DMF和水中的发射波长会从475nm移动到515nm，这可能是与GQDs表面的发射陷阱有关。而Yang等发现经修饰或还原处理后的GQDs的发射波长则不受溶剂影响。

（二）电致化学发光

电致化学发光（electrogenerated chemiluminescence，ECL）结合了化学发光和

电化学技术，具有灵敏度和选择性高、线性范围宽、背景信号低等特点，因此基于ECL信号的分析方法备受关注。2012年，Li等在Tris-HCl缓冲溶液（0.05mol/L，pH7.4）中以0.1mol/L$K_2S_2O_8$为共反应物，首次发现了gGQDs具有ECL性质。实验结果显示gGQDs在-1.45V处有一个很强的ECL峰，高出了起始电势（-0.9V）9倍。同在340nm的激发波长下，gGQDs的ECL发射峰出现在512nm，比其光致发光发射峰红移了12nm。而相同实验条件下，gGQDs则因更宽的带隙和更高的还原阻力，表现出比gGQDs相对较弱的ECL。

（三）催化活性

GQDs的表面积大、电子传输能力强且稳定性好，是一种良好的催化剂。基于GQDs在可见光区的特征吸收峰，研究发现GQDs与石墨烯、金纳米颗粒等复合都可以大大增加这些材料的光催化效果。而经过异原子掺杂的GQDs（主要是N和S原子），与TiO_2复合后，其光催化活性比TiO_2和GQDs都高。除了GQDs的光催化活性外，Qu等发现N-GQDs与石墨烯的复合物在O_2饱和后的KOH溶液中呈现一个很好的阴极峰，其氧化还原反应的起始电位（-0.16V）和还原电位（-0.27V）与传统的Pt/C催化剂相接近，说明该复合物对氧化还原反应有电催化作用。而且其催化作用不受溶液中甲醇的干扰，具有很好的选择性。Liu等和Li等也相继报道了N-GQDs对氧化还原反应的电催化性质。随后Fei等发现了B、N双掺杂的GQDs的电催化活性比传统的Pt/C还要高。

（四）上转换性质

GQDs的上转换性质是由Shen等在2011年首次报道的。他们发现以980nm光源激发GQDs，其在525nm处出现了荧光发射峰，且随着激发波长从600nm向800nm移动，该发射峰从390nm移动到468nm。他们推测该上转换性质主要是有反Stokes发光引起的，即当大量低能级的光子激发了π轨道上的电子，π电子在高能级的LUMO和低能级的HOMO间跃迁，当电子回到轨道时产生了上转换发光。Zhuo等则持有不同的观点，他们认为GQDs的上转换性质是在多光子激发过程中产生的。

三、石墨烯量子点的制备方法

已有的GQDs主要是通过调节粒径和控制表面化学性质两条途径制备的。通常，调节粒径的方法分为自上而下法和自下而上法。其中自上而下法是将大块状的石墨烯基材料通过化学或物理手段切割成小片状的GQDs，而自下而上法则是由有机小分子经自组装、聚合、脱水、碳化等过程合成GQDs。一方面，自上而下法的原料来源较广、操作简单、适用于批量生产，得到的GQDs表面富含含氧基团、水溶性好、易于后期功能化，但是它们的粒径和形貌不易控制。相比之下，自下而上法可以调控产物的粒径和形貌，但合成过程相对复杂烦琐、原料不易得到，产物水溶性较差。另一方面，调控GQDs表面化学性能主要有两种途径：第一，通过后期加入还原剂、聚乙二醇或氨基化合物将表面的含氧基团转换成羟基或者氨基；第二，掺杂异原子取代共轭体系中的C原子，改变GQDs的电荷密度和电荷分布。研究发现以上两条途径都能很好地提高GQDs的荧光量子产率，改变它们的光学、电学性能，并有望产生新的功能。

第三节 新型荧光纳米传感材料g-C_3N_4

一、概述

1989年，Liu和Cohen等通过理论推断，发现类似于β-Si_3N_4结构的β-C_3N_4新型化合物，可能是硬度与金刚石类似的超硬新材料，引发了科研工作者的兴趣。随后的大量理论和实验研究结果表明这类材料不仅硬度高、耐磨性好，还有热导系数高、禁带宽等优良性质，是新一代高性能光电催化半导体材料。1996年，Teter和Hemley等用共轭梯度法计算了C_3N_4，发现它有许多构型的同素异形体。同时，随着理论研究和实验的发展，人们发现了大量的C_3N_4同素异形体，包括α相、β相、立方相、准立方相、四方相、单斜相和石墨相等。g-C_3N_4主要由均三嗪结构和三均三嗪为单体的两种结构组成，它的平面结构由sp^2杂化的C—N共价键形成平面π共轭层，环与环之间通过N原子连接成无限扩展的平面，层与层之间通过范德华力结合。g-C_3N_4有良好的热稳定性、化学稳定性、生物相容性、低毒性和优良的光电催化活性，成为新一代碳基功能材料。

二、g-C_3N_4纳米传感材料的性质

不同于石墨烯，g-C_3N_4材料富含氮元素，N比C多一个电子。因为其特殊的三均三嗪结构g-C_3N_4材料含有四种显著的特性：富电子性、氢键结合位点、路易斯酸结合位点和布朗特碱结合位点。g-C_3N_4材料是一种块状荧光材料，在紫外灯下发射蓝色荧光。同时因为小尺寸效应、表面效应、宏观隧道效应和量子限域效应等独特性质，g-C_3N_4纳米材料增加了一系列新的理化性质。与有机染料和传统的CdSe QDs相比，g-C_3N_4纳米材料不仅具有良好的荧光性质，还具有良好的热稳定性、化学稳定性、光稳定性、低毒性、生物相容性和光催化性质。

（一）热稳定性

研究表明，不同于其他有机材料和聚合物材料，g-C_3N_4不仅硬度高，还具有非常高的热稳定性，在空气中加热至600℃也不会分解a高温剥离法制备g-C_3N_4纳米材料时，升温至500℃，块状g-C_3N_4的C一N层间的范德华力逐渐消失，但剥离下来的g-C_3N_4nanosheets能很好地保持g-C_3N_4的完整结构特征。g-C_3N_4在630℃开始升华、分解，在750℃的高温下才会完全分解。

（二）化学稳定性

与石墨烯易氧化还原的性质不同，g-C_3N_4的化学稳定性很好。在一般的溶剂如水、丙酮、乙醇、吡啶、乙腈、二氯甲烷、冰醋酸和弱碱溶液中放置一个月，其理化性质几乎没有任何改变。因此，溶剂辅助的超声剥离法能得到晶型较为完整的纳米片。

（三）光学性质

（1）紫外吸收和荧光特性

块状g-C_3N_4的带隙为2.7eV，在420nm处有一明显的带隙吸收峰。不同的原料和热聚合温度，会产生不同的内部结构、堆积方式和缺陷而影响g-C_3N_4的紫外吸收光谱。同时，不同的修饰方法，如质子化、硫元素掺杂会引起吸收光谱蓝移，硼元素、氟元素掺杂与巴比妥酸共反应会引起吸收光谱的红移。块状g-C_3N_4的荧光发射峰一般在465nm左右，为蓝色荧光，且不随激发光谱的改变而改变。不同的块状g-C_3N_4材料制备成g-C_3N_4纳米材料时会有不同的紫外吸收和荧光发射光谱。一般g-C_3N_4纳米材料的吸收光谱与块状g-C_3N_4类似，均为蓝色荧光。而且伴随其尺寸减小，g-C_3N_4纳米材料的吸收带会蓝移，荧光也随之蓝移。g-C_3N_4nanosheets的荧光发射峰大约在440nm，在不同的激发光谱下保持不变。当粒径进一步减小时，部分g-C_3N_4nanodots的突光发射峰会保持在440nm，部分会进一步蓝移。其中，部分粒径、厚度均一的g-C_3N_4nanodots的荧光发射光谱仍旧不受激发光谱影响；部分g-C_3N_4nanodots的荧光发射光谱会随着激发光谱的红移而红移。因为g-C_3N_4纳米材料的表面富含氨基，合成过程会在其表面引入新的功能团，如羧基和羟基，所以g-C_3N_4纳米材料的荧光光谱在不同pH条件下会因为氨基和羧基的质子化与去质子化而改变。

块状g-C_3N_4和g-C_3N_4nanosheets的紫外吸收光谱和荧光发射光谱，水热法和化学裁剪法得到的g-C_3N_4QDs在不同激发光下的荧光光谱，g-C_3N_4块状材料、量子点、纳米树叶、纳米棒的荧光光谱，g-C_3N_4QDs在不同pH溶液中的荧光光谱。

（2）上转换荧光

因为双光子成像对生物样品的光损伤小、成像时间长和穿透深度深等优点，制备具有双光子吸收（two-photo absorption，TPA）性质的荧光成像探针一直是生物成像的研究热点。近年来，研究发现碳基荧光纳米材料如碳点和石墨烯量子点具有TPA性质，被广泛应用于细胞成像。2014年，Zhang等首次报道了以氨水为溶剂，水热法制备了具有TPA性质的单层g-C_3N_4QDs0得到的g-C_3N_4QDs的C—N层中具有π共轭电子结构和刚性的C—N平面，且单层的g-C_3N_4QDs具有的TPA活性更高，在多光子激发过程中产生荧光，他们用780nm的红色激光激发g-C_3N_4QDs，能发射出绿色荧光。

（3）化学发光

化学发光（Chemiluminescence，CL）是物质在进行化学反应的过程中伴随的一种光辐射现象。CL法因操作简单、灵敏度高、线性范围宽、无背景信号和适用性广等特点，是分析化学检测的一种常用方法。传统的CL主要局限于有机发光小分子体系，近年来，随着半导体纳米材料的出现，CdTe QDs和碳点体系主要应用于CL体系。2014年，用微波法合成g-CNQDs，在C1CT存在，pH高于9时，g-CNQDs会发射555nm的绿色荧光。他们首次将合成的g-CNQDs用于实际水样中CT的检测。此方法灵敏度高、选择性好。2015年，Fan等在铁氰化钾存在时将其作为空穴载体，g-C_3N_4QDs会产生强CL，发射550nm的绿色荧光，并将g-CNQDs用于多巴胺（DOPA）的检测。他们提出CL的产生是因为g-C_3N_4QDs表面有许多缺陷，形成了许多比内核能带大的能带。Hossein等提出了不一样的机理，认为g-C_3N_4QDs的CL与PL发光中心相同，都是激发态g-C_3N_4QDs产生的，均发射505nm的荧光，并用于Hg^{2+}的检测。

（4）电致化学发光

电致化学发光（ECL）结合了电化学技术和化学发光技术。ECL分析法具有灵敏度高、选择性好、线性范围宽、背景信号低、成本低、仪器设备简单、操作简便等优点，广泛应用于生物、医学、药学、环境、食品等领域。2012年，Cheng等首次报道了g-C_3N_4的ECL性质。在硫酸钾和$S_2O_8^{2-}$溶液中，电还原的g-C_3N_4与共反应物$S_2O_8^{2-}$作用产生激发态g-C_3N_4，g-C_3N_4回到基态时发射出470nm的蓝色荧光，与之光致发光光谱一样，说明两者产生的激发态一样。

（四）催化活性

因为g-C_3N_4纳米材料独特的电子结构，优异的化学稳定性，低毒性，宽的带隙，大的比表面积，较多的活性位点和快速的电子——空穴分离速率，使其具备了优异的光电催化活性。

（五）生物相容性

目前，已经有很多实验结果验证了g-$C_3N_4$4纳米材料的低毒性和良好的生物相容性，适用于生物分析检测和癌症治疗。2011年，Zhang等考察了g-C_3N_4nanosheets对海拉细胞的存活率影响情况。发现即使在g-C_3N_4nanosheets的浓度高达600μg/mL时，海拉细胞仍能保持95%以上的活性。2014年，Zhang等考察了g-C_3N_4nanodots对HepG2肝癌细胞、HEK293A人肾上皮细胞和HUVEC人脐静脉血管内皮细胞的细胞活性的影响，发现在g-$C_3N_4$4nanodots的浓度为500μg/mL时，三种细胞均没有产生明显的凋亡。Oh等用MTT法考察了O-g-C_3N_4nanodots在RAM264.7巨噬细胞中的细胞活性，发现在O-g-C_3N_4nanodots的浓度为100μg/mL时，巨噬细胞仍保存87.2±5.6%的存活率。以上研究均表明g-C_3N_4纳米材料具有低毒性和良好的生物相容性。

三、g-C_3N_4纳米材料的制备方法

g-C_3N_4纳米材料主要分为g-C_3N_4nanosheets和g-C_3N_4nanodots两种。g-C_3N_4nanosheets是指侧面尺寸为亚微米或微米尺寸而厚度仅为纳米尺寸的g-C_3N_4二维结构。g-C_3N_4的面内结构由C—N共价键结合而成，C—N片层之间仅由较弱的范德华力联结，通过化学法或机械剥离法可破坏C—N片层间的范德华力得到g-C_3N_4nanosheets。关于g-C_3N_4nanodots没有明确的定义，一般指尺寸不大于20nm，有g-C_3N_4特征结构类球形g-C_3N_4纳米材料。目前报道的制备g-C_3N_4纳米材料的方法与合成石墨烯及石墨烯的量子点的方法类似，主要分为自上而下法和自下而上法。自上而下法是将块状的g-C_3N_4材料通过物理剥离或化学法切割分离成单层或纳米级厚度的g-C_3N_4纳米材料，自下而上法是通过有机小分子的分解、脱水、脱氨基、聚合等过程自组装成各向异性的具有g-C_3N_4特征结构的纳米材料。自上而下法成本低、耗时、产率不高、合成简单且需要合成块状g-C_3N_4，得到的g-C_3N_4nanosheets纯度高、厚度薄、完整性好，但水溶性较差。得到的g-C_3N_4nanodots的产率相对较低、纯度高、水溶性好、表面功能基团多；相比之下，自下而上法的原料来源广、成本低、合成简单、易于控制、适于批量生产，得到的g-$C_3N_4$4nanosheets/nanodots的产率高、粒径均一、纯度高、表面易于功能化。

四、荧光纳米传感在食品安全检测中的应用

基于荧光纳米材料的生物传感器技术已成为食品安全领域新的研究热点，用来检测基质中化学残留、毒素、有机污染物、致癌物等生化成分。量子点作为独特的荧光纳米材料，应用于荧光传感器，可显著增强化学/生物传感器的检测特性，被广泛用于生物医药、食品安全、环境分析等领域。基于量子点的荧光传感器在食品安全的微生物污染、化学性污染以及食品掺假等的快速检测中也得到了一些应用。

（一）食品中微生物污染的检测

量子点标记检测目标细菌、病毒等食品中的微生物污染成分，灵敏度高、特异性强，且操作时间较短，不易受样品基质的影响。相关的文献已有较多报道。

在单种食源性致病菌检测中，Megan等利用链霉亲和素修饰的CdSe/ZnS核壳型量子点作为荧光光标记探针，检测O_{157}：H_7血清型菌体，结果对比发现其检测灵敏度为2.08×10^7CFU/mL，比使用普通有机荧光染料异硫氯酸荧光素要高出两个数量级。Tully等利用量子点标记抗体，通过检测单增李斯特菌表面的结合蛋白而建立了检测该菌的荧光免疫传感器。这说明量子点作为荧光标记物用于快速检测比常规染料具有更高的灵敏性。

由于量子点的多色可选且可被同一光源激发，在食源性致病菌的快速检测中，利用多元量子点作为多种荧光标记物，采用荧光免疫分析方法同步检测多元致病菌已取得比较好的实验室成果。优势是既可缩短检测时间、提高效率，又可降低成本、提高高通量筛查的能力。Xue等利用水溶性量子点作为荧光标记在1~2h内对E.coliO_{157}：H_7和S.aureus进行快速检测。

（二）食品掺杂和化学性污染的检测

（1）食用油检测

食品的掺假和作伪已成为食品安全的主要问题。2011年，在我国爆发的“地沟油”事件，即非法食用油掺假问题，已构成了严重的食品安全问题，损害了民众对我国食品安全的信任。研究表明，长期摄取“地沟油”掺假或污染的劣质食用油可能导致严重的疾病，包括癌症。目前的检测方法不能满足对掺假食用油的在线或现场检测的要求。目前国内外已有研究报道，将传感器应用于油脂的分析和检测。对于劣质食用油的鉴别，朱敬坤等设计了一款以电容传感器为基础的食用油品质检测仪，将介电常数大小转换成电容大小，实现了煎炸老油极性组分含量的简便、快速检测。传感器如电子鼻、试纸条等已被报道用于分类和鉴定不同种类的食用油。实验研究表明，油中的某些组分或污染物，如重金属离子、自由基、吸电子基团以及碳碳共轭双键物质等，能够引起量子点的猝灭，不同掺杂比例的劣质食用油中含有不同浓度的猝灭剂，从而引起不同程度的荧光粹灭，宏观上表现出不同的荧光强度，由此建立猝灭率与劣质食用油中“地沟油”掺杂比例之间的定量关系。徐等利用水溶性CTAB功能化CdSe/ZnS量子点荧光猝灭传感器建立劣质食用油的快速传感检测方法，可在2min内对掺假0.4%及以上的劣质食用油进行快速鉴别，具有很大的现场应用前景。许琳和张兆威制备了用于粮油中黄曲霉毒素检测的2种水溶性量子点（石墨烯量子点和碳量子点）探针，与抗黄曲霉毒素的单克隆抗体进行偶联，证明了量子点探针在黄曲霉毒素免疫检测中应用的可行性。将此探针应用于黄曲霉毒素免疫试纸条的制作，进而应用于粮油中黄曲霉毒素的免疫检测。

（2）农残检测

目前量子点检测农药残留的方式主要分为三种类型。

1.首先是基于农药可使量子点荧光猝灭原理直接检测农药的方式。黄珊等采用油相CdSe/ZnS量子点直接检测农药水胺硫磷，在实际样品检测中也有很好的表现。刘正清等以谷胱甘肽（GSH）为稳定剂合成水相ZnSe量子点，可用于直接检测农药敌磺钠，可用于自来水中农药残留的检测。

2.其次是以量子点为荧光探针与其他技术联用检测农药。Sun等通过对接枝的方式将以甲基对磷硫为模板分子的分子印迹聚合物成功聚合在核一壳结构的量子点表面，当MIPs重新吸附模板分子时荧光强度降低。该荧光传感器的线性范围为0.013~2.63μg/mL，检出限达0.004μg/mL，低于传统MIPs。在没有其他有机磷农药的干扰下，该传感器对实际蔬菜样品展现出了良好的适用性。Ge等首先制备CdTe量子点并采用沉淀聚合法制备以溴氰菊酯为模板分子，丙烯酰胺（AM）为功能单体，EGDMA为交联剂的MIPs，然后采用层层自组装的方法，先在形状类似96孔微孔板底部的载玻板上用CdTe量子点改性，然后在其上再使用MIPs改性，得到可检测溴氰菊酯的化学发光传感器。在实际样品检测中表现出色。

3.还有就是利用荧光内滤效应或者荧光共振能量转移（FRET）进行农药的检测。近年来，利用荧光内滤效应检测微痕量物质得到了很大的关注。合成了CdTe QDs和适当波长的AuNPs，将其混合后，CdTe发出的荧光被纳米金吸收。往体系中加入农药丹巴后，纳米金与之发生作用而聚集，从而使CdTe的荧光得到恢复，检测线性范围为0.01~0.50μg/mL，检测限为8.24×10^{-3}μg/mL。Zhang等开发了表面配位FRET传感器，通过分析物的加入发生配体置换，从而荧光得到恢复，达到检测的目的。他们采用双硫脲配体在CdTe QDs表面配位，由于FRET机制，μ量子点荧光猝灭在加入有机磷农药后，农药的水解产物将会取代量子点配体双硫脲，从而荧光得到恢复利用此原理，对毒死蜱的检测线性范围为0.1nmol/L~10μmol/L，检测限约为0.1nmol/L

（三）荧光量子点应用于食品成分的分析检测

检测基质复杂食品中各种成分的含量，分析其吸收代谢机制对食品的品质以及对于人体的利用价值都具有重要意义。利用生物大分子（如糖类、蛋白质、酶）对量子点荧光性质的改变，可建立以量子点为基础的敏感性高、特异性强、响应速度快的检测方法，而且利用量子点的多色性、优异的光学性质可以对多组分标记，及时监测物质的变化，从而探究营养物质间的相互作用以及揭示这些物质在吸收代谢中与人体细胞的作用机理，将为改善食品品质、提高营养价值提供理论依据。

（1）糖类

葡萄糖的检测是食品分析中的重要内容之一。近来很多研究者开始将以量子点为基础的光学传感体系应用于葡萄糖的检测。Cavaliere-Jaricot、Huang等分别利用酶催化葡萄糖氧化产生过氧化氢和产酸变化对量子点荧光发射的猝灭作用检测葡萄糖。Duong等用葡萄糖氧化酶和辣根过氧化酶对连接有巯基丙酸的量子点进行功能化处理，通过从量子点到酶促反应的荧光共振能量转移使量子点发生猝灭实现检测，但是检测灵敏度不高（0.1mmol/L）。Yuan等建立了一种简单、灵敏的方法，用谷胱甘肽包裹的CdTe量子点完成葡萄糖与对应酶的识别检测，最低检测限达到0.1μmol/L。

（2）蛋白质

蛋白质是食品中最重要的营养物质之一，研究不同蛋白质之间的相互作用以及蛋白质与其他物质间的相互作用机理具有重要意义，基于量子点对蛋白质相互作用的研究也从生物学、生物医学向食品领域渗透。Wang等用量子点的共振能量转移原理，进行蛋白一蛋白的特异性结合研究。而基于量子点自身与蛋白质的相互作用对其荧光性的影响也可以用来检测蛋内质的含量。如Wang等检测卵清蛋白和Tortiglione等对牛血清白蛋白（BSA）进行的定量检测。胡卫平等对比了CdS量子点荧光光度法与双缩脲法对牛奶、蛋清中的蛋白质测定，检测结果基本一致。由于量子点与蛋白质之间会发生能量转移，黄珊等使用CdSe量子点，采用共振光散射法建立了简单、快速检测溶菌酶的方法。

（四）展望

随着科学技术的不断发展，食品分析检测技术也在不断发展、更新和完善，尤其是快速、灵敏、便捷的检测技术才更能适应现代社会的快节奏。量子点作为近年来一种很有发展潜力的新型荧光探针，以其独特的光学性质在分析检测中显示出明显的优越性。基于量子点荧光特性建立生物传感器是提高检测速度和效率的有效手段。同时，量子点荧光探针将促使生物传感器的微型化发展，有望制备响应速度快、灵敏度高的试剂盒，充分发挥量子点分析检测的优势。另外，基于量子点与食品中主要成分的相互作用产生的荧光特性变化，可对食品的主要成分进行检测、标识和动态追踪，探究这些物质的作用机理，对人体所需营养物质的代谢吸收具有重要意义。总之，量子点作为一种新型荧光探针，将会在食品领域有着更广泛的应用价值和发展前景。

第七章　表面增强拉曼光谱技术在食品安全检测中的应用

第一节　拉曼光谱

一、拉曼光谱概念

拉曼光谱（Raman spectra）是一种散射光谱，是指当单色光投射到物质中时，被分子散射的光会发生频率改变的现象。早在1923年，德国科学家就预测了理论上存在频率会发生改变的散射。直到1928年，印度科学家Raman在实验中发现了这一现象，并因此获得1930年度的诺贝尔物理学奖。具体来说，拉曼光谱可以由光子和分子之间的碰撞理论来解释。当频率一定的单色入射光照射到物质中时，会产生弹性散射及非弹性散射。通常情况下，大部分激发光的光子与物质分子相互发生碰撞时，其运动方向发生改变而能量并未发生改变，产生的散射光频率与入射光的频率一致，这种散射即为弹性散射，又被称作瑞利散射（Rayleigh scattering）。只有极少部分的激发光光子在与物质分子碰撞后不仅改变了运动方向，还改变了能量，即散射光的频率发生了变化，这种散射称为非弹性散射，又被称为拉曼散射（Raman scattering）。

二、拉曼散射产生的过程

用能级跃迁可以更加清楚地解释拉曼散射产生的过程。首先，假定物质分子初始处于电子振动能级的基态，当采用入射光照射时，激发光光子与分子会相互作用，使电子跃迁到受激虚态（virtual states）；由于受激虚态极不稳定，电子随后会立即跃迁回低能级而释放出相应能量，即为散射光。一般情况下，散射光的产生会有几种情况。瑞利散射（Rayleigh scattering），处于电子振动能级基态

(ground state）的分子受到激发后立即跃迁回基态，这个过程没有能量的损失，分子吸收的能量与辐射出的能量相同，因此散射光的频率不会发生变化。其中当处于基态的分子被激发后跃迁回振动激发态（vibrational state），这种情况下散射光的频率减小，被称为斯托克斯线（Stokes）；当处于振动激发态的分子被激发后跃迁回基态，这种情况下散射光的频率增大，被称为反斯托克斯线（anti-Stokes），散射光频率增加或减少的绝对值即为拉曼位移（Raman shift）。拉曼位移的大小只与分子本身的性质有关，并不受入射光频率的影响，因此拉曼光谱可以提供不同分子的结构信息。

拉曼光谱分析技术是以拉曼散射效应为基础而发展起来的一类表征技术，由于其无损、便捷、不受水溶剂影响、分辨率高等优点，被人们广泛应用于晶体和材料性质表征、有机分子结构鉴定以及考古鉴定等领域。由于拉曼散射信号很弱，只占总散射强度的10^{-10}~10^{-6}，因此难以进行痕量及微量物质的分析，限制了其在分析化学领域的广泛应用

第二节　表面增强拉曼光谱

一、SERS简介

1974年，Fleischmann等进行银电极表面吡啶分子拉曼光谱的研究工作时，采用电化学方法粗糙处理光滑银电极表面，以增大电板上吡啶分子的吸附数量。结果实验成功获得了强度增大的吡啶分子拉曼散射信号，并且发现信号的强度会随着电极所加电位的变化而改变，他们将原因归结为粗糖度越大的表面会吸附更多的吡啶分子。1977年，科学家Jeanmaire与Van Duyne、Albrecht与Creighton等人重复了Fleischmann先前的研究工作，实验重新验证了这一现象，并且经过系统的理论计算，他们发现吡啶分子的拉曼信号是溶液中等量分子信号强度的10^5~10^6倍；然而，用扫描电子显微镜（SEM）对电极表面进行观察后发现，经电化学法粗糙化的银电极表面较之前表面积增加仅为10%~20%，即使经过多次粗糙化处理，其表面积增加的程度也远远不足以使吸附的分子数增加5~6个数量级。因此他们指出，该实验中所得到的吡啶分子拉曼信号的增强并非因简单的吸附量增多而导致，而是一种与金属粗植表面相关的物理增强效应，这种效应被称为表面增强拉曼散射（surface-enhanced Raman scattering，SERS）效应，其所对应的光谱则称为表面增强拉曼光谱。表面增强拉曼现象的发现，为拉曼光谱应用领域的拓宽提供了极大的可能。

二、SERS的机理

由于表面增强拉曼散射效应可使被分析物的拉曼散射信号强度增强5~6个数量级，这极大拓宽了拉曼光谱在微量或痕量物质分析领域的应用。然而，自SERS效应被发现以来的近40年里，关于SERS效应的机理研究虽不断发展，至今却仍未在学术界达成一致。目前，大多数学者接受的SERS增强机制主要有两大类别：电磁场增强和化学增强。其中，电磁场增强理论主要基于经典动力学理论，反映出增强金属基底材料的性质；化学增强则侧重于量子化学的电子结构理论，以分子极化率的改变进行解释。然而科学家们发现，单纯的电磁场或化学增强机理都不能完美解释所有的SERS现象，这主要是因为增强过程与入射光的波长、增强基底的性质、被检测物质的吸附状态等众多因素均有关联，因而多数情况下，这两种机制可能共同产生作用，只是它们对SERS信号的贡献有所不同。

（一）电磁场增强机理（electromagnetic enhancement mechanism，EM）

电磁场增强机理是一种物理增强模型，其中最为经典的解释是局域表面等离子体共振（localized surface plasmon resonance，LSPR）理论。该理论认为：当光线照射到金属纳米颗粒或粗糙金属构成的“金属岛”上时，其自由移动的电子会被激发成为等离子体。而当等离子体振荡频率与激发光频率相一致时，就会发生局域表面等离子体共振现象，这种共振使激发光能量会聚于局域表面，此处的光电场得到放大，从而引起该区域附近粒子拉曼光谱信号的增强。共振现象在金属纳米颗粒的连接处产生的电磁场增强效应最强，这就是通常人们所说的SERS热点(hot spots)。

研究表明，电磁场增强效应是一种长程效应，其增强效果随与增强基底表面的距离而呈指数型衰减，范围约为几个纳米。此外，局域表面等离子体共振的强度和频率还受到激发光波长、增强基底的形态及周围介质的影响，因此通过调节相关因素，可获得较佳的拉曼增强效果。通常，电磁场增强效应被认为是SERS的主要来源，其增强因子可达10^4~10^8。

电磁场增强机制合理地解释了拉曼散射强度与增强基底及激发光之间的联系，该机理显示，这种电磁场增强是纯粹的物理增强过程，也就是说这种增强效应对物质是没有选择性的。然而更多的研究表明，当分子以化学形式吸附于不同的增强基底表面时，其产生的等离子共振峰会发生变化；不同分子在同一增强基底作用下产生的增强效果也不尽相同；即使对同一分子，其不同振动峰的增强效果也千差万别。因此，当电磁场增强机制不能完全解释这些现象时，化学增强机制的补充显得尤为重要。

（二）化学增强机理（chemical enhancement mechanism，CE）

不同于电磁场增强机制，化学增强机制主要反映了拉曼散射强度与分子本身化学性质的关联，是一种化学增强模型，该机制主要强调吸附分子与增强基底表面之间的化学作用，包括化学成键增强（chemical bonding enhancement）模式、表面络合物共振增强（surface complex resonance enhancement）模式及激发光诱导的电荷转移增强（photon-induced charge-transfer enhancement，PICT）模型。在所有的化学增强模型中，最为重要的机理是激发光诱导的电荷转移增强机理，即在激发光的照射下，吸附于金属表面的分子在发生电子跃迁的同时会形成电荷转移激发态，从而与金属表面作用而形成分子一金属复合物，产生共振增强效果。这种电荷转移态的形成需要分析物的分子轨道和作为增强基底的金属能带波函数发生重叠，因而产生同一增强基底上不同分子的增强效果也显著不同的现象。由于化学增强的实质是化学键的形成，因此化学增强效应是一种短程效应，其范围局限在分子尺度内。

虽然电荷转移增强机理已有许多不同且具体的理论解释，但由于此模型与多种因素相关，无论是实验还是模型构建都无法对这些条件做出详细分析，电荷转移的详细机理目前仍存在很多争议。

第三节 SERS活性基底

由于表面增强拉曼效应是当分子吸附于粗糙金属表面才会发生的现象，并且表面等离子体共振频率主要受金属增强基底种类及其形态的影响，因而SERS活性基底成为影响SERS效应最为重要的因素。

虽然许多分析物都具有SERS特征谱图，但具有SERS效应的活性基底只有少数物质。早期研究认为，只有Au、Ag、Cu等贵金属具有较好的SERS效应，它们的增强效果依次为Ag>Au>Cu。后续更多研究的发现，Ru、Li、Na、K、Co、Fe、Ni等金属也具有一定的SERS活性；除了金属之外，少数半导体和金属氧化物如ZnO、TiO_2、GaP，Fe_2O_3等也可以观察到微弱的SERS效应；非金属材料石墨烯也被证实具有一定增强效应。

不同SERS基底的开发为SERS技术的广泛应用提供了可能。然而，在分析化学领域的实际应用过程中，较佳的增强效果、良好的均一性、可靠的稳定性和重现性才是理想的SERS基底。许多的研究报道集中在形貌可控、重现性好的SERS基底制备上，它们大致可以分为以下几类。

一、一维SERS纳米材料

一维SERS增强基底主要是指具有一定形貌的金属溶胶纳米材料。其中，最为常见、应用最为广泛的则是金、银纳米溶胶。通常金、银溶胶粒子采用简单的还原法即可制得，常用的还原剂有柠檬酸三钠、硼氢化钠、抗坏血酸等。但是对于均匀分散的金属纳米颗粒，由于粒子间距过大导致电磁场无法有效耦合，增强效果不佳，因此，使用过程中通常需加入Cl^-、I^-、NO_3^-等作为粒子团聚剂，来获得更强的SERS效应。除此之外，虽然该方法简单易行，可大规模生产，但在实际使用过程中溶胶形态不稳定，粒子尺寸难以精确控制；所以在合成时，常常加入表面活性剂调节粒子生长速度，防止粒子表面氧化及团聚等。

研究表明，单分散的金属纳米溶胶，其形态和尺寸对SERS效应均有较大影响。通常情况下，球形的纳米粒子增强效果最弱，而横纵比不同的纳米颗粒SERS效应相对较好。有研究利用小分子酸作为还原剂，合成了形貌可控的银纳米线、纳米花以及纳米棒，这些新型纳米颗粒具有优越的SERS效应。还有研究者合成了纳米星状金纳米粒子，实验验证其增强因子可达10^{10}，远大于球形纳米粒子的增强效果。而通过调节还原剂浓度及增加晶核浓度，还可得到三角状金、银纳米粒子等。但是，单分散金属纳米颗粒存在一个较大的缺点，即裸露的纳米粒子极易受到环境影响而降低SERS活性。

核壳隔绝纳米粒子增强拉曼光谱（shell-isolated nanoparticle-enhanced Raman spectroscopy，SHINERS）作为一种新SERS技术，一定程度上克服了普通一维纳米溶胶的SERS活性基底的缺点。核壳隔绝纳米粒子是以超薄惰性物质（SiO_2、Al_2O_3，等）为壳层、增强金属（Au，Ag等）为核的新型纳米溶胶颗粒，有几种不同的类型，这种纳米颗粒不与被测物直接接触且灵敏度高，相较于普通金属纳米粒子有更好的稳定性和更强的SERS活性。

二、二维SERS纳米材料

二维SERS纳米材料主要是指有序化排列组装的粒子膜，通常由紧密堆积或排列的一维金属纳米粒子构成。相较于溶胶纳米颗粒，有序化排列组装粒子膜的最大优点是其纳米颗粒的间距较小，可以有效产生电磁耦合效应而存在较多SERS热点，它是一种具有较高SERS活性的增强基底。一般来说，二维SERS纳米材料的制备方法主要有沉积法、模板法、Langmuir-Blodgett（LB）法和化学自组装法等。

沉积法又分为物理沉积法与化学沉积法。通常化学沉积法是指采用化学还原或者银镜反应在固相基底上制备SERS基底的过程。该方法简单易行，但通常所得的基底SERS活性不高。物理沉积法是指在玻璃、石英、硅片等基底表面溅射金属纳米粒子而形成均匀金属薄层的方法，可通过溅射时间调控金属薄层的厚度=该法的重现性较好且SERS活性高。有研究显示用该方法在玻璃基板上沉积一层均匀银纳米棒金属薄膜，并将其作为一种新型SERS活性基底，该基底对拉曼探针分子的增强因子可达10^8，并且信号具有较好的重现性。

模板法则是指利用氧化铝、硅球等物质作为初始模板物质，之后通过调节模板空隙或尺寸大小控制金属纳米颗粒有序生长，最后利用酸或有机溶剂除去模板，即可得到形貌可控的阵列化SERS基底。有研究显示，以阳极氧化铝为模板，合成具有不同直径、横纵比的银纳米线阵列，通过对拉曼标记物的分析，证实该法合成的银纳米阵列拥有较高的SERS活性。

LB技术制备金属薄膜，首先需要将金属纳米颗粒进行改性，再通过溶剂作用将纳米颗粒单分子层转移到某个功能化的固相基底上。这种技术可以基本保持纳米粒子的定向排列结构，形成有序的单层或多层金属薄膜。有研究用LB技术制作面积大于$20cm^2$的单层纳米线阵列，采用这种方法可制作出重现性优良的SERS基底，适用于空气或者溶液等多种不同检测环境。

自组装法合成SERS基底的本质是化学键合作用或者静电作用，即利用含有—CN、—NH2、—SH等官能团的前驱膜作为固定金属纳米粒子的偶联层，这样即可使纳米粒子有序生长在基底表面。

三、三维SERS纳米材料

三维SERS纳米材料通常是指长程有序的金属纳米或者金属复合物纳米结构。紧密堆积排列的二维纳米材料通常会限制层间等离子体共振耦合效应，三维SERS纳米材料则可以有效解决这个问题。其制备方法可分为自上而下法和自下而上法。

一般而言，自上而下法通常是指在金属宏观基底表面进行有序粗糙化的方法，包括电化学氧化还原法、化学刻蚀法、电子束光刻、纳米球光刻及静电纺丝技术等。早期SERS研究中较为常用的增强基底即为电化学法或者化学刻蚀法粗糙化的金属表面，但是这种方法所制备的SERS基底粗糙化程度极为不均匀，所以SERS信号的重现性也较差；而近些年发展起来的电子束光刻、纳米球光刻及静电纺丝技术则可准确控制刻蚀结构的精细程度，在金属表面形成有序沟道或者孔洞，制备出重现性好、SERS活性高的三维基底。

自下而上法制备三维SERS纳米材料通常采用沉积法或化学还原法。其中，一种常见的方法即采用三维模板控制金属的沉积，随后将该模板移除，即可得到有序粗糙的三维金属纳米结构材料。另一种金属复合物纳米结构通常是以半导体三维材料为基底，在其纳米孔洞中均匀修饰金属纳米颗粒，形成有序三维金属复合物纳米结构。

第四节　SERS定量分析基础

随着研究的深入，表面增强拉曼光谱以其无损及非接触检测、快速灵敏、信息量多等优点获得广泛认可，在很多领域都显示出巨大的应用前景。特别是近代光电技术的发展，使市场上出现实验研究用的高性能设备及日常检测的便携拉曼仪器，大大促进了SERS技术的实际应用。越来越多的研究表明，SERS技术不再局限于物质的定性检测，而是更多地用于样品中痕量成分的定量分析。

一、内标校正

在分析化学领域，通常采用内标法（internal standard calibration）校正外界因素带来的影响，即通过向分析样品中加入已知浓度的某种标记物，检测时通过计算分析物与该标记物信号的比值，可计算出分析物的浓度。对于表面增强拉曼光谱来说，内标的引入不仅可以有效减小仪器偏差，还可以减少浑浊试样散射光带来的影响，最为重要的是，由于内标与分析物所处物理化学环境一致，可以校正因增强基底不稳定而引起的拉曼信号变化，使分析结果更加可靠。

需要注意的是，由于SERS技术涉及信号增强过程，其内标的选择具有一定特殊性。首先，除了与分析物性质接近之外，理想的SERS校正内标需具有一定的拉曼活性；其次，内标物的拉曼振动峰不能与分析物的拉曼振动峰产生重叠，以免给分析带来干扰。在实际应用过程中，分析物和内标的化学吸附或物理吸附状态以及它们之间产生的竞争吸附作用均会影响实际测量。有学者研究了一个简单可行的办法，他们在金增强基底上通过自组装作用修饰上单层内标分子膜，占据有效活性吸附位点，避免了分析物以化学形式吸附于增强基底表面而带来的信号偏差，同时也避免了内标及分析物的竞争吸附作用。但是失去了化学吸附作用的分析物，通常SERS信号也会受到较大影响，这一定程度上降低了分析方法的灵敏度。其他方法如核—壳式内嵌内标法进行SERS定量检测，以金纳米粒子为核，通过自组装作用在其表面吸附一层单分子层内标物，再通过化学还原过程包裹一层银壳。这种嵌入式内标既不会受到外界环境影响，也不会影响分析物的化学增强模式，成为拉曼定量分析较为可行的方法。

二、数据分析校正

除了内标校正模式，采用化学计量学对光谱集进行分析也可以达到消除干扰的目的。数据分析校正通常可分为单变量及多变量数据分析模式。常规SERS分析通常采用单变量分析，即采用分析物特征峰峰高或峰面积进行外标法定量。在这种单变量分析模型中，所得的较宽浓度范围的校准曲线通常与吸附曲线形态一致，即在较高浓度下的SERS信号趋于饱和。这主要是因为SERS基底表面活性位点被占据之后，其增强信号便不再随分析物浓度变化而变化。所以为了方便定量分析的进行，通常缩小分析物的浓度范围，即可得到SERS信号的线性区间。该方法虽然简单、便捷、应用广泛，但受到复杂环境干扰时所得数据通常重现性较差且线性不佳。

多变量分析模式的引入，可以捕获整个光谱集的方差（例如不同分析物浓度的一系列光谱），从而区别差异最大的光谱区域与差异较小的光谱区域，以此减少无关数据的干扰。有研究者构建了SERS比率传感检测Cd^{2+}体系，采用多变量分析中的偏最小二乘回归法对拉曼峰的强弱变化进行数据分析，成功地测定水体系中Cd^{2+}浓度，其与标准检测方法误差在5%以内。也有研究利用多变量分析法中的主成分判别函数分析来辨别不同细菌的SERS指纹图谱。多元变量分析不需要特定的内标加入和修饰过程，只需要通过大量数据的分析即可得到结果，在SERS定量分析领域有着广阔的应用前景。

第五节　SERS技术在食品安全检测中的应用

表面增强拉曼效应的发现有效地解决了拉曼光谱痕量分析中存在的低灵敏度问题，SERS被广泛应用于各领域，包括电化学、化学和生物传感检测、医学检测、痕量物质的分析及单分子检测等方面。在食品检测方面，SERS也得到了比较广泛的应用。

在食品安全分析检测领域，常用的技术：P气相色谱法（gas chromatography，GC）、高效液相色谱法（high performance liquid chromatograph，HPLC）以及气相色谱一质谱联用法（GC-MS）、液相色谱一质谱联用法（HPLC-MS）等。但是，这些方法通常需要大型的检测仪器及专业检测人员，且样品前处理过程复杂，分析耗时较长，不利于日常快速检测筛查；而相对便捷、分析快速的SERS技术则在食品安全快速检测领域显示出明显的优势。

一、添加剂检测及非法添加物检测

对于食品中一些添加剂和非法添加物的检测，SERS也显示出它的优点，对一些色素、防腐剂及一些非法添加的化学物质可以进行快速检测。

有研究利用SERS技术实现了对饮料中色素的快速检测。他们在有序紧密排列的硅球表面均匀派射金增强基底，形成粗糙金膜，以其为SERS活性基底时，硅球的拉曼散射信号可作为固定内标，从而达到对饮料色素含量的准确分析。这种方法最大的好处是样品可不经过任何前处理过程，样品处理时间在35min以内，且最低检测浓度可达0.5mg/L。

孔雀石绿是水产品常被检出的添加物。以聚甲基丙烯酸甲酯为附着基底，通过溶剂极性转换使金纳米粒子在其表面进行自组装，形成一种透明的柔性SERS基底，将其贴合于鱼等水产品表面，结合便携拉曼光谱仪检测，可有效检测水产品中违禁添加物孔雀石绿，检出限达到0.1nmol/L；并且该基底在使用后经冲洗可重复利用，有望应用于水产品违禁药品添加的快速检测筛查中。还有研究通过化学自组装合成碎片结构的纳米金作为SERS活性探针，对进口海鲜产品中结晶紫和孔雀石绿等违禁染料进行检测，最低检测浓度达到0.2ng/mL。

三聚氰胺曾产生非常严重的食品安全问题，SERS方法可以快速筛查三聚氰胺，以纳米纤维素基底快速检测牛奶中的三聚氰胺，检测限为1μg/mL；以氢键支持的超分子矩阵结合SERS，利用Fe_3O_4/Au涂有5–氨基乳清酸的SERS活性基底，快速检测牛奶中的三聚氰胺，检测限为5μg/mL，线性范围为2.5~15.0μg/mL（29；采用免疫分离和SERS结合的方法检测牛奶中的三聚氰胺，检测限达到0.79×10^{-3}mmol/L。

叔丁基轻基茴香醚（BHA）是一种常用于食用油以及包装材料的酚类抗氧化剂，具有致癌性。有研究用金溶胶对BHA进行定性与半定量SERS检测，检测限达到10μg/mL。SERS方法还可以检测葡萄酒中的SO_2，用沉积在玻璃板上的ZnO纳米材料，采用顶空萃取方法测葡萄酒中的SO_2，方便，快速，线性范围1~200μg/mL。SERS方法也可用于盐酸克伦特罗的检测，方法具有很宽的线性范围（1~1000μg/mL）和很高的回收率（96.9%~116.5%）。硫氰酸盐在食品中的滥用会导致许多健康问题，有研究用金纳米点缀的磁片己糖磷酸肌醇结合SERS方法检测牛奶中的痕量硫氰酸根，检测限为10^{-8}g/L。偶氮二甲胺用作面粉改良剂，可能导致哮喘，SERS方法也可以检测偶氮二甲胺。

二、病原菌检测

食源性疾病是全世界日益严重的公共卫生问题，而病原菌导致的疾病是主要问题，用SERS方法可以对食品中的病原菌进行检测，克服了微生物检测时间长的缺点。有研究通过在细胞壁上合成银纳米粒子，用SERS方法检测饮用水中的活细菌。这种方法比简单的合成胶体一细菌的悬液信号强度高了30倍，仅需10min就可以完成测定，检测限达到2.5×10^2个/mL。通过在滤膜上合成银纳米棒，检测大肠杆菌，检测限比玻璃上合成的银纳米基底低两个数量级。也可以用SERS方法对李斯特菌、金黄色葡萄球菌、大肠埃希氏菌、沙门鼠伤寒菌等病原菌进行快速检测和分类。

三、农药残留检测

简单、快速地检测食品中的农药残留是公共健康的迫切需求。SERS可以被用于快速灵敏地检测一些农药残留。

通过制备不同实用性SERS基底，可以大大方便采样及检测过程，使快速检测成为可能，可以用于检测一些农药残留。最新研究表明，通过过滤膜捕捉银纳米颗粒作为活性基底，可以分析马拉硫磷；合成银纳米粒子，检测对硫磷和美福双，检测限达到5×10^{-8}mol/L；检测氨基甲酸酯类农药；裸眼可分辨出的最低浓度是5mg/L；通过开发一种灵活的硅纳米线纸，可以原位检测食品弯曲表面的杀虫剂残留，检测限为72ng/cm^2；以金纳米为探针，利用SERS技术，监测杀虫剂在收获和生长期内的罗勒叶子上的穿透性和持续时间；用不同粒径的纳米粒子做基底，在20min内完成样品的处理，检测苹果汁的亚胺硫磷和噻苯咪唑，可检出的最低浓度分别是0.5μg/g和0.1μg/g；在涂有金的硅片上生长金纳米棒作为基底，用SERS方法检测果汁和牛奶中的西维因，橘子汁、葡萄汁和牛奶中的检测限分别是509、617和391ng/L。也有研究在具有金涂层的硅片上生长金纳米棒，用SERS的方法检测苹果汁和卷心菜中的西维因；以涂有纳米银粒子的纤维素纳米纤维为活性基底，快速检测苹果中的噻苯咪唑残留。也可以通过一些简单的方法，筛查农药。通过用棉签擦拭苹果表面，然后用甲醇洗脱，用树枝状银纳米作为增强基底，在10min内可完成。新的研究将金纳米粒子修饰在商业化的黏性胶带上，做成一个柔性采样SERS基底，并成功地将其应用于苹果、黄瓜、橙子表面残留农药的SERS检测。

四、其他方面

多环芳烃（PAHs）是指具有两个或两个以上苯环的一类毒性很强的环境和食品污染物，具致癌性、致畸性、致突变性。常用的检测方法是色谱法，用SERS方法可以实现对PAHs的快速检测。最新研究显示，以C18硅烷化的自组装金溶胶膜作为SERS活性基底，可以对水中萘、菲和芘进行检测；不同取代基的环芳烃分子修饰的银纳米颗粒与紫罗碱二阳离子之间形成空穴的纳米传感器，通过环芳烃与PAHs的疏水作用，实现对芘、苯并菲、三亚苯、六苯并苯等PAHs分子的选择性吸附；通过合成巯基修饰的核壳磁性纳米颗粒作为SERS检测探针，应用于PAHs检测，线性范围为1~50mg/L，检测限达到10^{-7}mol/L，为原位监测PAHs提供了新的途径。

抗生素的残留也威胁着人类的健康。有研究采用两步预处理的方法，检测牛奶中的盘尼西林残留，检测限可达2.54×10^{-9}mol/L，低于欧盟标准。

五、SERS的应用限制

表面增强拉曼检测技术是一种可应用于食品安全领域的切实可行的光学技术，它具有灵敏度高、检测时间短等优点。目前，该技术在食品安全领域的现场快速检测微量化学物质方面表现优越。

SERS技术虽然有着强大的分析功能，但其应用仍然受到诸多限制。应用限制主要由下列因素所决定：SERS技术要求所检测的分子含有芳环、杂环、氮原子硝基、氨基、羧酸基或磷和硫原子之一，这使检测对象有一定的限制；试样可能与SERS基底发生化学或光化学反应；SERS要求试样与基底相接触，这失去了拉曼光谱技术非侵入和不接触分析样品的基本优点；SERS基底对不同材料的吸附性能不同，增加了定量分析的难度；基底重现性和稳定性难以控制。

贵金属溶胶颗粒是目前SERS研究中最常用的SERS基底，成熟的合成技术使金属纳米颗粒的形貌可控，粒径的差异小于10%。贵金属溶胶可以应用于检测各类材料的表层化学组分和任何形貌的基底，具有实时、快速、高灵敏度的特点，通过结合便携式拉曼光谱仪，使SERS技术成为更为通用和实用的方法，有望在食物安全、药物、炸药以及现场环境污染检测中发挥作用。然而，受实际检测过程中的基质及杂质的干扰，贵金属溶胶无法直接应用于实际样品检测。此时，需要通过吸附与富集被检测物等样品前处理方式提高待测目标分子的浓度，或者通过修饰金属纳米颗粒表面提高选择性，从而实现SERS技术在环境检测及食品安全中的应用。

第八章　氧气对食品品质的影响及传感检测

第一节　氧气对食品品质的影响

食品对氧气敏感。氧气会与食品中的各成分，包括脂类、蛋白质、糖类和维生素等发生化学反应而导致其氧化。此外，氧气还会促使霉菌和好氧微生物的生长繁殖。氧气的这两种作用直接或间接地导致了食品品质的变化，如营养流失、毒素形成、品貌变化和风味变化等。本节将主要从氧化反应的角度介绍氧气对食品品质的影响。

一、氧气对食品营养成分（营养价值）的影响

食品中含有大量的化学物质，其中的营养物质经过摄取、消化、吸收和运输到达细胞从而发挥其生理功能。这些化学物质一般可分为六大类：水、无机盐、糖类（碳水化合物）、脂类、蛋白质和维生素等，此外，萜类、酚类、硫化物和吲哚类等也与机体的健康有关。

当食品被氧气或其他活性试剂氧化时，大部分营养物质都会发生变化，导致其营养价值的流失和保健功能的改变，这些影响的程度取决于氧化过程的可逆性、对发生变化的营养物质的消化吸收能力以及对新物质的新陈代谢能力。此外，不同食品成分对氧的稳定性不一样，故其氧化的程度也不一样。

这一节将简单介绍糖类、脂类和蛋白质这三种重要营养物质在氧气氧化作用下的改变以及这些改变对食品营养价值的影响。

（一）对脂类的影响

脂类中通常含有一个或多个活泼基团，易于发生氧化反应，通常称为脂质过

氧化作用。这一过程，产生大量易挥发和不易挥发的物质，其中某些易挥发的物质具有特殊的气味，使仅含少量脂质的食品中发生的脂质过氧化作用能够被检测到。因此，脂质的氧化成为食品工业中的重点检测对象。在机体中脂类发挥着重要的营养功能，包括提供能量；提供必需脂肪酸；作为脂溶性物质的载体；作为细胞、组织和器官的构筑成分以及机体的控制、调节。此外，特定的酯类有其独特的保健功能。这些功能在脂质氧化的影响下会发生一定程度的变化。大量研究表明，一方面，脂质氧化产物对人体健康有害，例如体内抗氧化剂的损耗、脂质过氧化作用的增强、葡萄糖耐受性的减弱以及甲状腺激素失衡等。另一方面，脂质氧化产物在某些时候也能起到有益的作用，例如大量的动物喂养实验表明被氧化的脂质会影响脂类的新陈代谢从而降低肝脏和血浆中三酰基甘油和胆固醇含量，这一特性有望用于预防脂肪肝的发生和抑制动脉粥样硬化斑块。

（二）对蛋白质的影响

理想的食用蛋白应包含20种必需氨基酸且含量比适合，以满足人体新陈代谢的需求，包括维持肠道健康、调节基因表达、合成蛋白质、稳定细胞信号路径以及作为激素和其他有重要生理功能的低分子量含氮化合物的合成前驱体。此外，食用蛋白的营养价值还与其被人体摄入后是否易于消化吸收相关。

蛋白质中的氨基酸和肽链的氧化既可以是可逆的（温和条件下），也可以是不可逆的，通常发生在氨基酸侧链，改变蛋白质的疏水性、构型、溶解性以及对蛋白水解酶的敏感性，此外还可能造成蛋白质碎片化。在温和条件下，蛋白质中的硫中心易于发生氧化作用，含硫的蛋氨酸和半胱氨酸是氧化活性位点，此外组氨酸、色氨酸和酪氨酸也相对易于氧化。而在更加极端的条件下，蛋白质中会氧化形成羰基，尤其是在含有赖氨酸、精氨酸、脯氨酸和苏氨酸残基的情况下。

蛋白质氧化会导致蛋白质交联、改变氨基酸侧链、破坏组氨酸、赖氨酸等必需氨基酸，使其营养价值流失。此外，还会降低猪肉等肉类对消化酶的敏感性而难以消化吸收、降低肉类食用质量以及造成奶制品等的腐败发臭而无法食用。蛋白质氧化还会破坏蛋氨酸等必需氨基酸而抑制其摄入量，这与寿命延长有一定的关联。

（三）对糖类的影响

糖类较难发生氧化作用。食品中的其他成分通常会先于糖类发生氧化，形成的自由基与糖类作用，从而产生糖类羰基化合物。

糖类不仅自身作为能量物质，还能提供纤维素和低聚糖等具有重要生理功能的物质。由于糖类难以氧化，对于其生理功能受氧化作用影响的研究较少。而糖类氧化或美拉德反应形成的二羰基化合物的影响研究较多，其具有强反应活性，能够与氨基酸残基作用形成稳定的氨基酸衍生物，通常称为晚期糖基化终产物。二羰基化合物一方面被描述为具有细胞毒性、基因诱变性、致癌性和促氧化性，另一方面被认为是有杀菌、抗病毒、抗寄生物和抗肿瘤功能的活性物。

二、氧气对食品品貌风味（感官品质）的影响

食品感官品质是食品行业的重要指标，用于质量控制与质量保证、新产品开发、产品特点评估、产品受欢迎程度预测和产品货架寿命的评估。感官品质特征包括口味、气味、味道（品味+气味）、质地和外观（颜色、湿度等）。

氧气的氧化作用是影响食物感官质量的主要原因之一，包括氧气在酶催化下与脂类、色素、金属离子、多酚类等的作用，通常都会对食品的味道、颜色和质地等产生不良的影响。例如油脂的酸败、肉类的腐臭，水果和蔬菜的腐烂等食品变质现象，会直接影响食品的食用体验和安全性。除了直接的氧化作用外，氧气还会促进好氧细菌等微生物的生长繁殖而引起食品的腐败变质，主要类型包括：以碳水化合物为主的食品中，由于细菌生长代谢形成的多糖导致变黏腐败和变酸腐败；以蛋白质为主的食品中，由于细菌分解蛋白质而产生变臭腐败。

第二节　氧气对食品品质影响的机理

食品中的各种成分在氧气等活性氧化剂作用下会发生有害的氧化作用，影响食品的营养价值和感官品质。为了减缓和抑制食品的有害氧化，必须深入理解氧化作用的过程和机理，从原理上设计和实现对食品的保护。本节将简单介绍氧气对食品品质影响的机理。

食品氧化主要由食品内或环境中的活性氧（reactive oxygen species，ROS）引起。除含氧的自由基外，非自由基如过氧化氢、单线态氧、臭氧、次氯酸盐和过氧化亚硝酸盐等都是活性氧化剂，在氧化过程中起到不同的作用。以下主要从三线态氧（基态氧气）和受激活泼的单线态氧的角度，以脂类和蛋白质为例，分析氧化作用的过程和机理。

一、脂类氧化的机理

大部分的食品成分都会因活性氧的作用而发生变化，其中脂类的氧化作用较为特殊，又称为过氧化作用。由于脂类的活化能相对较低，能通过不同的机理引发氧化作用，包括自由基反应、光致氧化、酶反应和金属催化氧化。下面将介绍与氧气有直接关系的自由基反应机理和光致氧化机理。

（一）自由基反应

不饱和脂质的氧化主要通过自由基反应机理进行，也称为自动氧化作用，包括四个阶段：链引发、链增长、链分支和链终止，各阶段在一系列复杂而有序的过程中同时发生。脂质自由基反应机理和动力学在过去几十年已得到充分的研究和发展。

在链引发阶段，LH分子在羟基、过氧化氢、超氧化物自由基或高价铁血红蛋白的作用下失去一个H原子，形成一分子脂类烷基自由基L。加热、紫外照射、可见光照射和金属催化剂等作用均可加速链引发。

在链增长阶段，脂类烷基自由基与氧气作用形成过氧化物自由基，接着过氧化物自由基脂类分子作用形成脂类过氧化物，形成自催化的链式反应。第二步反应较慢，是该自由基反应的限速步骤，过氧化物自由基会选择性地进攻键合作用最弱的H（通常是双键上的氢，因为对应自由基能通过共振效应稳定），因此脂质对氧的敏感性取决于双键上的氢的活性。

在链分支阶段，脂质过氧化物发生单分子分解作用或在高浓度时发生双分子分解作用，后者的活化能较低。分支反应提高了反应体系的自由基浓度。

（二）光致氧化

氧气在光能的作用下能够被激发至单线态，通常以叶绿素、血红素蛋白、维生素B2等为光敏剂。单线态氧是强亲电试剂，能够以不同于自由基反应的机理与不饱和脂类作用——单线态氧直接加到双键碳上，使双键位置迁移，形成双键为反式结构的脂质过氧化物。光致氧化的反应速率远大于自动氧化作用，如油酸氧化中光致氧化的速率约是自动氧化的30000倍。

脂类过氧化物是脂类氧化的一级产物，具有高度的不稳定性，在加热、强光照和促氧化剂作用下，会通过β-裂解反应分解，形成二级氧化产物，包括醛、酮、内酯、醇、酮酸、环氧化合物和其他挥发性物质。某些二级氧化产物对人体有害，而且是脂类酸败臭味的来源。二级氧化产物中最重要且研究最多的是短链的不饱和醛，由于醛基的高活性，它们易与细胞和食物成分反应，造成营养价值的流失。近年来的研究发现，丙二醛是含量相对最大、影响程度最大的二级产物。

二、蛋白质氧化的机理

蛋白质氧化可由活性氧化剂引发或被脂质过氧化产物间接作用。这一方向是食品科学近年来的热门领域之一，其研究开展了二十年左右，许多问题仍有待进一步地探索。

多种活性氧化剂，包括超氧化物、过氧化自由基、羟基自由基和过氧化氢等非自由基物种，都可以引发通过自由基反应机理进行的蛋白质氧化。链引发阶段，易氧化蛋白分子被夺去氢原子，形成碳中心蛋白质自由基。蛋白质自由基与氧气作用形成过氧化自由基，再与另一蛋白分子作用形成过氧化物与又一分子中心蛋白质自由基，形成链式反应。

通常，活性氧化剂的反应位点是蛋白质中的肽链和氨基酸残基侧链官能团。半胱氨酸、蛋氨酸等含有硫中心的活性氨基酸会首先被氧化，色氨酸残基也会被迅速氧化。除此之外，含有游离氨基、酰胺基或羟基的氨基酸（如赖氨酸、精氨酸、酪氨酸等）也同样易于氧化。

第三节 氧气的检测方法

在氧气环境中，食品受到氧化作用和微生物作用，导致质量和品质的下降，甚至会产生对人体健康有害的物质。为了减缓氧气对食品的破坏、保证消费者的健康和延长食品的保存期限，在食品包装中必须有效除氧。对此，食品行业发展出加入抗菌剂和氧气清除剂的活性包装，以及能够自动检测、传感、记录和溯源食品在流通环节中所经历的内外环境变化，并通过复合、印刷或粘贴于包装上的标签，以视觉上可感知的物理变化告知和警示消费者食品安全状态的智能包装。其中，最为关键的是氧气含量检测传感技术。

传统的测氧方法如碘量法、气相色谱法、磁式氧分析仪等能够精确地分析氧的浓度，但其操作烦琐或装置复杂，使用和维修都比较麻烦，测定成本较高，难以进行原位或在线测定。氧气含量检测传感方法具有结构简单、响应迅速、维护容易、使用方便、测量准确等优点。通过传感技术能够实现食品包装中氧气的浓度感知，以此监测食品从生产者到消费者这一过程中的食品安全状态，并以视觉上可感知的物理变化等手段告知和警示消费者关于产品的质量、安全、货架期和可用性等信息而广泛应用于食品包装。对氧传感器，研究较为深入的是电化学氧气传感器和光学氧气传感器。

一、电化学氧气传感器

电化学传感器是化学传感器的一个非常重要的分支，也是目前研究最多、应用最为广泛的一种化学传感器。电化学分析所测的信号是电位、电流、电阻、电容和频率等的变化，可以直接测量，也便于自动化、小型化和智能化。

Clark电极是最早发明的电化学氧气传感器之一，最初用于测量动脉血液样本的氧分压。Clark电极包含感应铂金属正电极和银金属负电极，并利用透氧膜进行密封包装。在800mV的极化电压下，氧气被还原为氢氧根，形成与氧浓度相关的电流，从而通过电流信号间接测定氧气浓度。

虽然这种传感器能够提供准确的测量结果，但是具有高耗氧量、响应时间长、使用寿命短、未知的安全性等缺点，限制其广泛使用。

二、光学氧气传感器

由于电化学氧气指示剂的局限性，很多研究开始着手于光学指示剂来替代之前的检测手段，特别是光学氧气传感器研究最多。

光学氧气传感器通常基于氧气对荧光的猝灭作用。荧光染料在吸收一定波长的光后被激发，不稳定的激发态会跃迁至基态，发射出波长较短的荧光。这一过程中，氧气可通过动态的碰撞机制使处于激发态的荧光染料发生能量转移而发生荧光猝灭，导致荧光强度减弱和荧光寿命缩短。

光学氧气指示剂相比于电化学氧气指示剂的优点就是化学性质稳定，在光化学反应过程中既没有染料也没有氧气的消耗，而且没有副产物的生成，即通过生色材料提供了一种非侵入性的气体分析技术。

光学氧气传感器使用的荧光染料种类较多，如荧蒽、十环烯、金属卟啉类配合物、钌（Ⅱ）的双齿配合物等。其中，钌（Ⅱ）的双齿配合物具有很好的光稳定性、较长的荧光寿命和较高的猝灭效率，是较理想的荧光指示剂。另一类较为重要的荧光染料是金属卟琳类配合物，尤其是八乙基卟啉铂（PtOEP）和八乙基卟啉铬（PdOED）。由于这类配合物激发态的寿命较长，其对应的灵敏度要大于钌（Ⅱ）的双齿配合物；此外，其激发波长和荧光发射波长的差值（斯托克斯位移）大于100nm，使测量更易进行。

第四节　氧气的可视化传感

氧气是一种维持地球生命的重要气体，氧浓度的检测已经被广泛研究。以往大多数的氧传感器是基于电化学、压力、光化学等实现定量氧含量测量，在医药、化学工业、食品包装、环境科学、生命科学等领域有着广泛的应用。但现有的这些氧传感器大多需要科学仪器辅助，烦琐复杂的光学和数据分析系统也限制了它们在日常生活中的广泛应用。基于双色系统的可视化氧感应器具备简单和可视化的检测方式，近年来引起了人们的关注。

一、比色式氧传感器

光学氧气传感器的缺点是需要昂贵的仪器、复杂的数据采集与处理系统，以及专业的操作人员，才能完成荧光的强度与寿命的测定，在食品包装中的应用有一定的局限性。对此，通过肉眼观察颜色变化即可进行判断氧气含量的比色法氧气指示剂得到了广泛的研究，发展了氧络合比色型、氧化还原比色型等新型传感器。

氧络合比色型传感器利用氧气参与络合反应而发生颜色变化，如采用肌红蛋白类化合物与氧气反应制备指示剂。但是这类传感器颜色变化不明显，保存条件也受到限制，很难在食品包装中得到普及应用。

氧化还原比色型传感器由日本三菱公司首先应用，三菱公司成功研制出Ageless Eye氧气指示剂，其主要成分是氧化还原性染料亚甲基蓝（也称MB，被碱溶液中的还原糖还原后，在无氧环境中呈现无色状态，一旦遇到氧气，便在30s内被氧化至初始颜色蓝色）。此类传感器的缺点是零售价很高且由于颜色变化的可逆性导致其可靠性不高。

比色法氧气传感器仍有大量的缺点和不足，距离成熟的商品化还需更多的研究与投入，目前的研究主要集中在高效的传感材料、传感器薄膜化和智能油墨印刷技术等方向，并朝着准确、高效、指示范围宽、颜色变化广、可重复使用时间长、环境友好及提高对各种印刷方式的适应性发展来保证将来的大批量生产。

二、比率式荧光氧传感

目前，比率式光学氧传感器的形式主要有三种，分别是平板式、光纤式、纳米或微米粒子式。平板式氧传感一般由透光基底（如石英或玻璃）、固定材料和氧敏感探针构成。板式传感制备简单且易于仪器化，对海水中氧浓度的检测有着诸多的应用。光纤式氧传感一般是将氧敏感探针固定在光纤外壁上，应用于环境中溶解氧的检测，特别对于长距离的实时监测，光纤式传感有着明显的优势。而纳米或微米粒子式氧传感也有诸多的优点。粒子式的氧传感器具有较大的比表面积，对氧通透性好，响应灵敏，反应速度快。传感颗粒纳米化后可有效地减少氧敏感探针的自猝灭现象，实现对探针的高浓度固定，大大地提高了氧传感器的荧光发射强度，更有利于氧浓度的可视化检测。重要的是，纳米式的氧传感可以应用到微米或纳米尺寸的生物体系中，如细胞、组织和微生物生长环境等，可以通过直接的荧光成像，对生物体生长状态进行监测。所以比率式纳米氧传感的研制已引起了研究者的高度重视。

三、商品化的氧气可视化传感器

荧光传感器薄膜与2D读取技术相结合，可以将多相样品中的氧气分布可视化。VisiSens 2D成像系统由VisiSens探测器元件、传感器薄膜、VisiSens分析软件和相对应的适配管组成，主要应用包括沉积物中氧气的成像、植物和土壤中的分析物随空间和时间的变化、在细胞培养和组织工程中氧气的检测和对微流体进行非侵入式2D分析成像等领域。

为了便于检测，样品表面被传感器薄膜覆盖，传感器将分析物含量信号转换成光信号，使用数码相机逐个像素记录传感器的响应。使用VisiSens可以监测分析物在空间和时间范围内的变化。VisiSens不但可以提供样品区域的分析物分布全貌，还可以自由选择感兴趣的区域调查空间和时间范围内的梯度分布。

（一）检测原理

检测时使用的光化学传感器基于荧光淬灭原理和双寿命技术。荧光淬灭原理是指传感器上的荧光物质被LED灯发出的激光激活，处于活跃状态的荧光物质与对应的敏感分子相遇时，荧光物质的一部分能量会以非辐射的方式传递出去，相应地，荧光信号就会衰弱或者淬灭。荧光寿命是荧光物质的本征参量，不受其浓度变化的影响，也不受光源光强变化的影响，因此，用检测仪测量得到的荧光强度衰减和荧光寿命缩短就可以反应被检测物的真实浓度。

（二）系统组成

VisiSens系统主要是由探测器、传感器薄膜和分析处理软件组成。VisiSens探测器的手持摄像头是用于读出O_2传感器薄膜荧光信号的探测器，它们通过USB连接到计算机或者笔记本电脑。通过控制焦距，从而实现从微观到$4 \times 3.2cm^2$的各种视野下的检测。传感器薄膜可以直接粘贴在样品上或者透明容器壁上，并将分析物含量信号转换为光信号，用于检测O_2传感器薄膜，薄膜可以按照实验所需的尺寸或形状分割。所有VisiSens分析处理软件都使用相同的用户界面。它们能够控制图像的记录和存储，并完成图像的处理和评估，获取的图像可以是单个图像或者随时间记录的一系列图像。VisiSens使微流体芯片中重要的培养参数2D可视化，可以在某个特定的区域以高分辨率或者通过整个芯片表面以非侵入的方式进行连续的监测，可以检测芯片内的代谢热点、记录时间序列、监测缺氧、细胞生长或氧气供应。

第五节　氧气的智能包装材料

智能包装是一种具有信息交互功能的新兴技术包装材料，具有一定的数据存储和处理能力。主要应用于食品（查看食品是否变质，即食品保质期）、药品（药品的质保）和日化用品（防晒霜包装上用于检测空气中的UV强度）中。食品加工产业中，智能包装的使用使收益放大、进一步保证食品的质量和安全性。21世纪以来，食品包装创造活动逐渐向前迈进，并朝着智能化的方向发展。处于整个食品供需链上的供、求者（食品生产商、食品加工商、物流经营者、零售商、消费者等）对食品包装的要求越来越严苛，力求通过高效、便捷的技术支持，以保障食品的安全性、质量和可追溯性。氧气的存在之于食品包装中往往是有害的，氧气与包装中的食物发生化学反应使其发生氧化酸化变质，亦会促进好氧细菌和霉菌、腐生细菌等的繁殖，进而使食物失去本身鲜亮的色泽，褪色腐败。因此，对食品包装袋内的氧气进行实时监测、除氧防腐之于包装行业而言至关重要。食品的包装除了要满足愈发严格的监管要求、高利润的商业价值、考虑环境压力下的可持续问题，更重要的是包装上的创新应该旨在可预知包装内的信息反映，于是，智能包装应运而生。我们将智能包装定义为一种应用高新技术执行智能功能的包装系统，用以延长食品保质期、增加安全、提高质量、提供信息等。

智能包装在产品运输环节中实现传递和记录监测包装内部信息的工具是指示剂。指示剂以包装标签的形式印刷或者直接在生产时制备于包装膜上，视觉上即可传递信息，不仅起到了密封、延保的作用，而且实现了消费者与包装内部食品的安全信息交互。

一、气体指示剂

包装袋内食物的质变、包装的原初状态以及包装袋内环境的变化往往通过包装顶部空间的气体组成呈现。例如，新鲜蔬菜的呼吸作用、腐生细菌的产气、外部气体的渗进或包装泄露等都有可能导致包装袋内气体组成发生变化。气体指标监测气体组成的变化，从而提供一个监测食品安全和质量的手段。空气中的氧气会导致食物氧化变酸、变色、微生物腐败作用，因而是食物中最常见的气体指标。

（一）氧化还原染料指示剂

氧化还原染料指示剂是光驱动型氧气指示剂的一种，能够直接通过人眼评估的氧敏感的光敏智能油墨是现今时代的一个持续需要。食品工业中，采用基于氧化还原染料的氧指示剂膜用于氧气食品包装指示。亚甲基蓝（MB）是还原态呈无色（无色美兰，LMB），在氧气作用下氧化为蓝色形态（MB）的指示剂。经紫外光照射的TiO_2纳米颗粒可使亚甲基蓝发生脱色反应：光生于TiO_2纳米颗粒空穴被电子供体酒石酸占据，原空穴中的电子与蓝色MB结合还原成无色的LMB，可见光也可对此现象辅助增强。通过利用稳定LMB并使其延长无色状态，该材料可用作氧气食品包装指示。

二、气调包装MAP

气调包装MAP（modified atmosphere package）是指通过初始调节包装内理想

气体的组分，从而达到抑制产品变质以及延长产品保质期的一种新型食品保鲜技术。食品通常采用一定比例的CO_2、O_2混合气作为保护气延长保质期。常规气调包装分析是对完整包装中的氧气和二氧化碳含量进行检测，为了控制质量、增强食品安全性。

智能包装已经成为包装科学中技术中心新的分支，为食品安全提供快捷、方便的信息交互，加强了对食品的安全性和质量的保障。包装技术的日趋进步，将把更多更便捷的指示技术引入食品的包装中来，不久的将来还可将指示标签与互联网技术相连，实现实时的信息传递，以达到更好的产品安全质量监测效果。

第九章　大数据在食品安全快速检测中的研究与应用

第一节　大数据简介

大数据（big data）是指“一种规模大到在获取、存储、管理、分析方面大大超出了传统数据库软件工具能力范围的数据集合，具有海量的数据规模、快速的数据流转、多样的数据类型和价值密度低四大特征。”业界通常用4个V（即volume、variety、value，velocity）来概括表示。

一、规模性（volume）

规模性是指数据量的巨大。对于“多大容量的数据才算大数据”，大数据的规模并没有具体的标准，仅仅规模大也不能算作大数据。规模大本身也要从两个维度来衡量，一是从时间序列累积大量的数据，二是在深度上更加细化的数据。截止到2000年，人类仅存储大约12EB（1TB=1024GB，1PB=1024TB，1EB=1024PB，1ZB=1024EB）的数据。但据1DC出版的《数字世界研究报告》显示，2013年人类产生、复制和消费的数据量达到4.4ZB，增长速度在每年40%左右。到2020年，一年生成的数据量将增长至44ZB。

二、数据类型繁多（variety）

这种类型的多样性也让数据被分为结构化数据和非结构化数据。相对于以往便于存储的以文本为主的结构化数据，非结构化数据越来越多，包括网络日志、音频、视频、图片、地理位置信息等这些多类型的数据，对数据处理能力提出了更高要求。2012年起，每年生成的数据中非结构化数据已约占八成，且呈逐年增长的趋势。

三、价值密度低（value）

即数据生成的成本和其固有的价值，以及将大数据转化为全新的见解或决策所产生的价值回报。价值密度的高低与数据总量的大小成反比。以视频为例，一部一小时的视频，在连续不间断的监控中，有用数据可能仅有一两秒。如何通过强大的机器算法更迅速地完成数据的价值“提纯”，成为目前大数据背景下亟待解决的难题。

四、处理速度快（velocity）

速度是指数据生成和数据处理的速度。大数据是时间敏感的，必须快速识别和快速响应才能适应业务需求，一般要在秒级时间范围内给出分析结果，耗费时间过长即失去相应的价值（即“1秒定律”或称秒级定律）。这是大数据有别于传统数据挖掘技术最显著的本质特征。

大数据核心的价值就是在于对巨量数据进行存储和分析。相比起现有的其他技术而言，大数据的“廉价、迅速、优化”这三方面的综合成本是最优的，已经在很多领域成为现实。

第二节　大数据在食品安全检测中的应用

大数据的工作流程包括：数据采集与预处理、数据储存与管理、数据分析与挖掘、数据展现与应用。下面将分别介绍这些流程在食品安全检测中的应用。

一、食品安全中的数据采集

不同类型的数据源都可能包含对食品安全有用的信息，包括现有的管理信息系统中的数据集、各大型数据集等（在线）数据库，社交媒体中关于食品安全的信息数据，基于各类传感器获得的数据，例如手机中的各类传感器等。接下来，我们将讨论各种类型的数据源，以及它们如何被用来为食品安全创造附加价值。

（一）传统数据集

随着信息化的普及推进，食品安全体系企事业单位当前都已经建起大大小小各类管理信息系统、在线大型数据集，用于存储和管理相关信息。如灾害信息（即监测项目、警报系统、化学数据），曝光（即消费数据库）及植物和动物疾病的监测报告。例如，表中的全球环境监测系统（global environment monitoring sys-tem，简称GEMS/Food）数据库包含数以百万计的全球监测数据输入。

（二）网络与社交媒体

互联网是一个巨大的信息来源，食品安全机构和食品相关组织已经使用诸如Facebook、Twitter和YouTube等社交媒体与公众就食品安全相关问题进行沟通。食品安全事件被收录到结构化的数据库的同时，也会同时发布到国际食品安全官方的网站和媒体报道中。例如，基于全基因组测序（WGS）数据中的食源性致病菌，也往往会迅速通过公共卫生和监管机构发表并允许行业使用这些数据。例如，2015年初所报道的WGS数据中，来自堪萨斯州的冰激凌中检测出李斯特菌菌株，数据公开后不久，即在堪萨斯州爆发了李斯特菌病的案件，从而将疫情与冰激凌关联起来。

网络与社交媒体中的数据源超过90%是非结构化的数据，它们分散在网络各处，传统方式很难检索，但可以利用大数据技术中的网络爬虫自动爬取所需要的各类信息，并整理入库。通过分析用户在社交媒体上的评论，食品机构将更好地了解他们的受众，并可能发现新的问题。当前正在发展的网络数据挖掘和社会媒体分析有望利用大量数据作为一个食品安全预警系统，以鉴别那些可能发展为危机的潜在健康和食品安全问题。例如，欧洲媒体监控（EMM）中的医药信息系统（medical information system，MedlSys）是一个互联网监测和分析系统，由JRC SANCO负责运行，系统的目的是加强传染病监测网络的监测能力和发现早期的生物危害活性，并通过使用在线信息资源对危险进行快速监测、追踪和评估，并依此预先给出警告。它的信息来源于新闻报道，每天从上千家网站近1600个新闻源的20000个报道中搜取获得事件信息，据实时的新闻报道绘出预警统计图。

（三）各类传感器（手机）获得的数据

物联网被称为继计算机、互联网之后世界信息产业的第三次浪潮。物联网是指通过射频识别、红外感应器、全球定位系统、激光扫描器等信息传感设备，按约定协议把任何物体通过有线或无线形式相连接，进行信息交换和通信，以实现对物体的智能化识别、定位、跟踪、监控和管理的一种网络。其中，感知层是物联网的感觉器官，主要用于识别物体和采集信息，包括传感器（含RFID）、摄像头、GPS、短距离无线通信、自组织网络和低功耗路由等。传感器是信息化源头，遍布于各个领域，随时随地收集各种信息数据，监测万物变化状态。

而当今智能手机既是多种传感器的载体，也是具备一定存储、传输、计算功能的微型计算机。它的使用越来越广泛，各种各样的应用程序迅速涌现，其中也包括与食品安全和健康有关的应用。当前，用智能手机和其他便携式设备相结合进行测量的报道层出不穷。

（四）构建食品安全数据源

构建食品安全数据源，还存在整合各数据集的难点，包括各类数据库相互间的关联、结构化数据与非结构化数据的链接和整合等。各种类型的数据源中哪些元素可以用来连接数据源（例如危险源、食品/产品和国家）以产生附加价值。尽管来自不同的数据源，数据联系与WHO的FOSCOLLAB平台使用的具有相似之处。

二、数据存储和管理

一般来说，数据存储是通过数据管理系统实现的，如Oracle、Microsoft SQL Server、MySQL和PostgreSQL等。然而，这样的系统不足以支持大数据处理。在这种情况下，需要比传统系统提供更快的速度、更优的灵活性和更佳的可靠性。因此，对于大数据技术而言，需要采用新一代的数据库，即非关系型的数据库。它具有非相关性，开放的资源和横向可扩展性，被称为NoSQL，例如MongoDB、Cassandra、HBase等。

当前，依托云计算的强大技术，解决了大数据管理中具有挑战性的数据传输与强计算力的难题，它完成大规模数据在数据源、GPU或CPU，以及应用环境之间传输。当前用于处理大数据的传输软件、ETL软件主要有Aspera，Talend等。

三、数据分析与挖掘

构建完数据源后，数据会被处理分析。分析大数据的方法可分为两类：数据挖掘和机器学习。

推荐系统是利用数据挖掘技术和试探式技术开发的（协同过滤，基于内容的过滤和混合方法）系统，是当前的一个热门应用。它提取消费者偏好、兴趣或观察行为的信息过滤系统，并能据此提出相应的建议。例如：美国疾病控制与预防中心最近的一份报告表明，挖掘Yelp网站的评论可以帮助公共卫生机构确定食源性疾病暴发的源头，并链接到本来可能未被发现的相关餐厅，从而推荐人们选择恰当的餐厅。

机器学习旨在探索一种源于数据而又可以预测数据的算法。在设计算法太复杂或是需要从数据中建立模型以进行预测或决策时，机器学习将派上用场。机器学习算法主要包括监督学习、无监督学习和半监督学习等，能有效解决许多特殊的分类问题，如AutoEncoder、Restricted Bolzmann Machine、Bayesian networks、Neural networks等。当前，其中的许多技术已经被应用在食品安全应用中，并有望作为食品安全中大数据的主要处理工具。

四、数据展现与应用

可视化工具可用来分析和呈现大量数据的摘要信息，优缺点各异。最常用的是R和Tableau。R是一种用于科学数据上可视化和分析提供用户自定义图函数和网络画图函数的数据的开源编程语言；对于不需要编程技巧的商业可视化软件，IBM Many Eyes和百度的ECharts是不错的选择。在基因学组方面，Circos已成为基因组染色体可视化的标准，它能够在一个循环设计中实现数据可视化并能探索对象或位置之间的关系。

另外，计算机视觉技术也在食品安全方面有所应用。计算机视觉可以简单地理解为用摄像机代替人的眼睛，用软件处理程序代替人大脑完成对目标的鉴别和鉴定，它对图像的处理可简单归类为3个方面：图像处理、图像分析和图像理解。通过对所提供图像的分析，把各个相关性质结合起来进行研究，类似于人脑的思维推理，所得出的结果可对食品质量检测提供借鉴意义。

第三节　食品安全方面的大数据举例

一、在我国的应用

2015年，国务院印发《促进大数据发展行动纲要》，指出要在食品安全等领域，推动进行数据的汇聚整合与关联分析，提高监管和服务的针对性、有效性。大数据正为食品安全治理带来新的变革，以核心系统食品安全溯源系统的应用来看，大数据在食品安全领域中主要表现为六大特性，即溯源流程透明性、溯源层次多样性、溯源信息标准性、溯源数据保密性和及时性以及溯源操作灵活性。

在此背景下，食品安全大数据行业迎来前所未有的发展机遇。数据显示，2016年，我国食品安全大数据行业市场规模达到11.76亿元，同比增速高达44.83%。2018年预计达到16.93亿，2022年将高达35.12亿元，每年平均增速达20%。当前我国的主要食品安全大数据业务主要表现为食品追溯的解决方案，另外还包括物流追溯解决方案、仓库周转追溯方案等等一系列细分市场的解决方案。

国家药品快检数据库网络平台以近红外光谱分析技术为基础，结合外观鉴别、化学、生物、物理、光谱和色谱等多种快速检验技术，重点针对国家基本药物、进口药品和基层常用药品建立适宜基层监管的药品快速检验方法，针对掺杂、掺假等非法添加问题建立适宜基层监管的快速检验方法，构建国家药品快速检验数据库网络平台，通过全国联网，避免各地重复建模，实现资源共享，是可以让快检工作“多、快、好、省”的网络平台，大大提高全国药品快检工作效率，降低监管成本。

二、农业链和食品供应链

在农业链中，通过将环境因素信息与病原体的生长和危害联系起来，大数据可以用来预测病原体或污染物的存在。例如，通过监测田间作物的情况，在黄曲霉毒素进入食物链之前就可以被鉴定出来在另一项研究中，通过建立定量的模型预测的霉菌毒素脱氧雪腐镰刀菌烯醇（DON）对欧洲西北部小麦的污染，采用了多种模型和数据库，包括气象数据通过表征农田病原体的存在，结合环境和气象数据，李斯特氏菌的存在可以被预测。

在供应链中，对食品进行追踪是必不可少的。对“从农场到餐桌”即食品的生产加工、贮存、运输、销售等环节进行全程跟进，并在发生食品质量安全问题后进行追溯，大数据技术提供了有效的信息共享网络平台。基于信息管理系统（information management system，IMS）可以实现对产品的全程追溯，通过采用国际物品编码协会（european article number，EAN）以及美国统一编码协会（uniform code council，UCC）建立的EANUCC条形码系统可以对食品供应链全过程中的产品及其属性信息、参与方信息等进行有效标识，对各个环节进行跟踪把控，在出现质量安全问题时可及时准确追溯问题环节，减轻政府监管部门的监管工作。

GPS和基于传感器的RFID射频识别技术（radio frequency identification，RFID）常用来收集食物的位置或其他属性（例如温度）的近实时数据。射频技术还可对食品生产链各个环节的情况进行信息编码存储，建立信息交互网络，各个企业或相关人员及消费者可通过电子标签在生产链数据库中查到相应产品的全部生产流程，从而实现全程可追溯。

美国的一家大型连锁餐厅（the cheese cake factory）收集大量的运输温度、保质期、食品退回方面的数据，由IBM大数据分析系统进行分析。当出现问题时，受影响的食品可以迅速从所有餐厅召回。沃尔玛采用的SPARX系统，可以自动上传数据（如食物温度）到网络记录保存系统。一个月的时间内，卫生人员可以测量烤鸡内部的烹饪温度10次，私人调查员可测量100次，而SPARK系统能够测量140万次。用这种方式能够收集大量数据，并用以快速识别未煮熟的鸡肉。

三、暴发和来源鉴定

在食品安全问题暴发期间收集和分析大量样本，就获得了大量用于确定暴发来源的数据和信息。病原体基因组（全基因组测序、下一代测序）快速筛选技术发展的结果是一批特定的基因组信息和（历史的）致病菌或亚型的发生。例如，在2011年德国“肠出血性大肠杆菌病原体”暴发后，细菌存在的各个领域的信息都被收集起来。对健康人群的住所进行了检查，查看是否有隐匿的病原体，并对家庭成员进行监测，以筛查继发感染。预计这种监测信息可能有助于在早期阶段及时发现问题并且及时预防，从而防止暴发。

四、用其他的数据源识别疫情

除了基因组信息外，还可以使用其他因素确定污染源。Gardy等从结核病暴发的研究中得出结论——单独的基因型分析和接触者追踪不能获得暴发的真实动力学。他们利用现有和历史隔离群的社会环境信息与全基因组测序相结合来确定暴发的成因。虽然在“volume”方面，36个隔离群的数据不算多，但通过使用社交网络的病人访谈，数据的“variety”增加了。

采用极具前瞻性的地理空间模型，根据食品供应链确定涉及受污染食品的批发商。这些模型包括批发商的分销网络、人口密度、零售商所在地和消费者行为。

一项研究以食物中毒为关键词分析了在线客户对餐馆的评论。他们将结果与疾病控制和预防中心（centers for disease control and prevention，CDC）疫情控制数据库进行比较。研究者推测这些评论能够提供疫情的近实时信息用以补充传统的监视系统。

五、大数据在食品安全方面的应用未来

显然，这些强大的需求将驱动着大数据在更多领域的研究和应用中发挥作用，它同样推动着食品安全检测迈入新的发展阶段。更多新的应用程序与方法成功应用于食品安全检测领域。如借助智能手机的传感器与计算力衡量食品安全危害、整合各种来源的数据集分析食品安全风险。巨额的公共资助的研究项目，如欧洲委员会针对H2020资助项目的数据的可用性将为食品安全问题的解决带来新的见解。

在RICHFIELDS项目中，将会开发支持工具，协助选择健康食物。开发的工具将充分利用食品数据、食物摄入量数据、生活方式和健康数据，包括通过使用移动应用程序或技术实时消费产生的数据（消费者信息、购买、准备和消费者产生的实时数据等）解决人们的个性化营养需求。

此外，当前在食品安全检测上的大数据应用还很有限，我们期待着有更多已在很多领域成功应用的算法（如贝叶斯网络BNS等），也能够成功应用于食品安全领域，预测食品安全领域可能存在的食品安全风险。

六、结论

世界上直接或间接与食品相关的大量数据正在不断地生成。目前，在大数据

领域开发的工具正数量有限地应用于食品安全。互联网上公开的公共资助研究项目的数据为处理食品安全问题的利益相关者提供了新的机会，以解决以前不可能解决的问题。特别是应用于食品安全检测的移动电话和先进的可追溯系统和社交媒体的使用，可能需要比目前具有更多的大数据特征的工具和基础设施。尽管在改善食品安全和食品质量的途径方面，以大数据为基础的方法有着相当大的潜力，但是对于业界而言，利用这些工具的优势仍然存在许多挑战。虽然大多数挑战并不是食品行业独有的，但其中一些在食品安全领域可能会更加严峻。例如，在食品工业中的许多数据采集仍然使用人工，并且还往往涉及不易用于数据挖掘的纸质录。然而，只有少数训练有素的数据科学家同时也熟悉食品系统类型等问题(或是说很少有能配合大型数据集工作的食品科学家)，能够利用大数据解决食品安全和质量问题，进而影响产业的发展能力和系统的有效实施。鉴于这些挑战，业界已明确需要采取行动，准备利用大数据工具及其解决方案解决食品安全和食品质量的难题。

参考文献

[1] 吴九夷，刘九阳，曹传爱.新型加工技术在清洁标签低盐肉制品中应用的研究进展［J］.食品安全质量检测学报，2022，13（10）：9-11.

[2] 徐衍胜.肉制品加工研究进展与新技术应用［J］.中国食品，2021，（1）：1-7.

[3] 冀鹏.新技术在食品微生物检验检测中的应用研究［J］.食品界，2021，（1）：92-92.

[4] 彭姝.基于新技术在食品微生物检验检测中的应用分析［J］.粮食流通技术，2021，27（1）：124-126.

[5] 戴艺.酶技术在食品加工与检测中的应用［J］.女人坊（新时代教育），2021，（9）：270-270.

[6] 李鑫星，郭渭，白雪冰，杨铭松.光谱技术在水产品品质检测中的应用研究进展［J］.光谱学与光谱分析，2021，41（5）：1343-1349.

[7] 王仕兴，陈安然，彭金辉.微波技术在食品加工与检测中应用［J］.女人坊，2022，（11）：33-42.

[8] 于秋影，赵宏蕾，常婧瑶.新型滚揉技术在肉制品加工中应用的研究进展［J］.食品科学，2022，（17）：43.

[9] 唐聪，邵士俊，温玉洁.基于光谱法的特级初榨橄榄油快速鉴伪技术［J］.食品工业科技，2023，44（9）：1-8.

[10] 王利，杨洪波，周京丽.健康中国建设背景下我国食品安全与食品检测新技术应用研究［J］.食品安全导刊，2021，（35）：3-7.

[11] 沈伟健，王毅谦，刘芸.食品质量安全检测关键技术创新和新材料新设备集成应用研究［J］.科技成果管理与研究，2022，（4）：2-8.

[12] 张淑媛，刘茜.我国食品安全现状及食品分析检测新技术的应用研究

[J] .食品安全导刊，2021，(27)：2-9.

[13] 林茜，墨瑾瑜，孙峰.基于PCR技术探究食品检测新技术的应用 [J] .现代食品，2022，28 (21)：3-10.

[14] 耿天宇.食品检验检测技术应用现状及分析 [J] .现代食品，2021，(1)：3-9.

[15] 姚志强.食品检验检测中液相色谱和气相色谱的应用研究 [J] .食品界，2022，(1)：81-83.

[16] 刘明.食品检验中新型生物技术的应用分析 [J] .食品安全导刊，2021，(30)：143-144.

[17] 王利，周京丽，杨洪波.我国食品安全现状与食品检测技术发展研究 [J] .大众标准化，2022，(3)：3-6.

[18] 李彦铮.浅谈快检技术在食品药品检验检测中的应用 [J] .中文科技期刊数据库（全文版）医药卫生，2022，(3)：4-7.

[19] 王腾，余逸飞，王睿.食品中邻苯二甲酸酯类塑化剂检测方法研究进展 [J] .生物技术进展，2023，13 (1)：11-16.

[20] 邓超，邹朝晖.辐照对食品营养成分的影响研究 [J] .食品安全导刊，2022，(2)：3-6.

[21] 于佩含，李梦楠，高雯.高光谱图像技术在食品检测中的应用 [J] .食品安全导刊，2021，(22)：2-8.

[22] 朱伟志，袁舟，毛立琪.辐照食品检测技术研究进展 [J] .食品安全导刊，2022，(8)：3-9.

[23] 敬廷桃，黄云峰.我国茶叶领域2010-2021年研究热点及趋势展望 [J] .茶叶学报，2022，63 (4)：9-15.

[24] 余辉，康翠欣，周晓婷.介电特性在食品检测中的应用 [J] .食品界，2022，(9)：3-8.

[25] 张亮，胡思前，谢新春.新橙皮苷二氢查耳酮在食品及医药领域的应用及检测方法 [J] .江汉大学学报：自然科学版，2022，50 (1)：47-54.

[26] 李洪岩，毛慧佳，周梦莎.酸热加工对焦糊精结构和理化性质的影响研究进展 [J] .食品与生物技术学报，2022，41 (11)：9-12.

[27] 梁子健，杨甬英，赵宏洋.非球面光学元件面型检测技术研究进展与最新应用 [J] .中国光学，2022，15 (2)：26-29.

[28] 王德华，李璟，周凤.声光动力非热杀菌技术的作用机制及应用研究进展 [J] .肉类研究，2023，37 (1)：5-9.

[29] 王丽君.关于新技术在药品微生物检验检测中的应用研究 [J] .中文科

技期刊数据库（文摘版）医药卫生，2022，（5）：3-7.

［30］赵宏蕾，常婧瑶，陈佳新.乳化肉糜制品中降低磷酸盐的加工技术新策略研究进展［J］.食品科学，2021，42（7）：7-9.

［31］米璐，徐贞贞，刘鹏.食品超高压加工技术合规化历程与展望［J］.包装与食品机械，2022，（1）：40-46.

［32］孙国皓.食品冷冻技术研究现状及进展［J］.食品安全导刊，2021，1（12）：177-179.

［33］包懿，刘斌，刘洋.食品中喹诺酮类药物残留检测方法的研究进展［J］.分析化学，2022，50（10）：12-18.

［34］赖平安.助推食品检测新技术示范应用［J］.北京观察，2017，（8）：2-8.

［35］赵宏蕾，常婧瑶，陈佳新.乳化肉糜制品中降低磷酸盐的加工技术新策略研究进展［J］.食品科学，2021，042（7）：329-335.

［36］李欣霏，王彩云，王新妍.发酵乳加工工艺及检测技术研究进展［J］.乳业科学与技术，2021，44（5）：43-50.

［37］李欣，胡巍，谭宏凯.低致敏食品制备技术及其工业化应用研究进展［J］.食品科学技术学报，2022，（3）：040-044.

［38］王君，王颖，陈喆.空气煎炸技术应用于食品加工的研究进展［J］.扬州大学烹饪学报，2021，038（2）：49-53.

［39］李慧芸.新工科视域下地方高校食品科学与工程专业高素质应用型人才实践教学模式的探索与研究［J］.农产品加工，2022，（1）：2-8.

［40］李鑫星，郭渭，白雪冰.光谱技术在水产品品质检测中的应用研究进展［J］.光谱学与光谱分析，2021，41（5）：7-11.

［41］杨丰，青舒婷，王晨笑.远红外辅助热泵干燥技术在食品加工中的应用研究进展［J］.食品科技，2021，46（5）：6-8.

［42］宿跃，石伟伟，马骏.食品智能包装的研究热点，应用现状及展望［J］.保鲜与加工，2021，21（2）：133-139.

［43］赵杰文，林颢.食品、农产品检测中的数据处理和分析方法［M］.北京：科学出版社，2012.

［44］张关涛，张东杰，李娟.低温等离子体技术在食品杀菌中应用的研究进展［J］.食品工业科技，2022，43（12）：10.

［46］王岩，张彦斌，闫彩霞.食品生产加工以及检测中的生物技术应用［J］.中国食品工业，2020，6（15）：119-120.

［47］张冲，刘祥，陈计峦.食品中微生物检测新技术研究进展［J］.食品研

究与开发，2011，32 (12)：5-7.

[48] 阮雁春.新技术在食品微生物检验检测中的应用 [J] .现代食品，2019，(24)：2-6.

[49] 赵博，王扬阳.新技术在食品微生物检验检测中的应用 [J] .食品安全导刊，2019，(3)：1-8.

[50] 杨静.基于食品检测技术专业技能项目训练的研究与实践 [J] .神州，2019，(25)：1-6.